内心强大 淡定优雅

唯有方能

文静 编著

中国华侨出版社

图书在版编目（CIP）数据

唯有内心强大，方能淡定优雅/文静编著．—北京：中国华侨出版社，2015.12

ISBN 978-7-5113-5821-9

Ⅰ．①唯…　Ⅱ．①文…　Ⅲ．①女性－成功心理－通俗读物　Ⅳ．①B848.4-49

中国版本图书馆CIP数据核字（2015）第292374号

● 唯有内心强大，方能淡定优雅

编　著/文　静
责任编辑/文　喆
封面设计/一个人·设计
经　销/新华书店
开　本/710毫米×1000毫米　1/16　印张/16　字数/223千字
印　刷/北京一鑫印务有限责任公司
版　次/2016年2月第1版　2019年8月第2次印刷
书　号/ISBN 978-7-5113-5821-9
定　价/32.00元

中国华侨出版社　北京朝阳区静安里26号通成达大厦3层　邮编100028
法律顾问：陈鹰律师事务所
编辑部：（010）64443056　64443979
发行部：（010）64443051　传真：64439708
网　址：www.oveaschin.com
e-mail：oveaschin@sina.com

前 言

　　幸福不能承载在别人身上，那是自己的事情，因为寄托在别人身上的东西，一旦失去，将痛不欲生！女人，可以外表柔情似水，但内心一定要强大丰富。

　　我们这个时代的女人，常不由自主地被环境所支配，也常被他人的评价所影响，因而觉得生活很辛苦，精神也越发迷茫。我们在不断追求高品质生活的同时，忘记了精神上的滋养。

　　真正幸福的女人，在于内心的强大。一个内心强大的女人，才能真正无所畏惧，也只有内心强大，在生活中我们才会处之泰然，宠辱不惊，不论外界有多少诱惑多少挫折，都优雅从容，固守着内心的那份坚定。

　　内心强大的女人，不管生活得是否清苦，都是精神上的贵族。她意识到其肉体生命的有限性，同时也意识到思想生命的无限性。她知道怎样摆正的自己肉体生命与自己的精神世界之间的关系，也能够认识到世俗世界的物质标准与自己精神世界的另类坐标。

内心强大的女人，即使身处世俗世界中所谓的逆境，她的心态也是平和的、自信的、充满快乐的，她的姿态也是从容的、淡定的、优雅的。因为，她的世界不再只是世俗世界，她还有自己独有的完美的内心世界，在这个世界里，她有自己的幸福标准与快乐标准，她就是自己的女王，她享受着别人无法享受也无法理解的幸福与快乐。

内心强大的女人，她的内心就是一个完美的世界，她内心的丰富，足以弥补一切物质的匮乏，她懂得珍惜自己生命中的每寸时光，她有自己的生活主题与生命意义。

目 录

1. 美丽是一种态度，世上没有丑女人

美丽是一种态度。美丽没有秘诀。为什么所有的新娘都很美？因为她们非常在意自己在婚礼上的形象。世上没有丑女人，只有不关心或者不相信自己魅力的女人。

女人最要紧的是要有品位与修养 / 2
在爱别人之前，一定要学会爱自己 / 4
你相信自己是美丽的，你就是美丽的 / 7
让自己的性格散发出香味来 / 9
将自己独一无二的魅力进行到底 / 13
打造属于你的专属气质 / 15
带一抹风情，塑一份神韵 / 18
优雅的女人一定会有属于自己的高雅爱好 / 22
别让嫉妒毁掉你的美丽 / 25
学会了宽容，才能做到真正的优雅 / 28
用你的善良征服世界 / 30

2. 女人跟男人一样，也是独立的人

女人，不要总先想着像菟丝花一样紧紧地依附在男人这棵"树"上，那样的话，一旦失去了"树"，我们就再也不能独立生长。在寻找一棵大树之前，女人应该把自己先培养成一棵树，双木才成"林"。

女人应该自主，女人必须自主 / 36
女人，为自己而活才是幸福 / 39
不要为了迎合别人刻意改变你自己 / 41
一辈子不长，别老想着取悦别人 / 43
所有外来的赐予必然日渐远离 / 45
女人，不要想着做男人的附属品 / 48
不要把选择权都交给男人 / 51
做出适合自己并让自己快乐的人生选择 / 54
去职场上充分展示你的风采 / 57

3. 梦想还是要有的，会有实现的那一天

女人要有自己的梦想，并孜孜不倦、乐此不疲地去追求，偶尔有个小小的成就让自己惊喜，无论他人认为你的梦想是多么荒谬，但它总是你平淡生活的精神支柱。

女人，不要放弃自己的梦想 / 62
知道自己想要什么，才可以活得精彩优雅 / 64

目 录

你的价值应该是"不可替代" / 69

如果你是笨鸟，就先飞 / 72

你越不把失败当回事，失败就越不能把你怎样 / 75

只要你还在走，前路的风光便属于你 / 79

永远做自己喜欢的事情 / 82

不要随便想想，那不叫梦想 / 85

你可以把梦想放得很高，但不要让它脱离你的掌控 / 86

4. 幸福不是从天上掉下来的，而是从自己心里长出来的

幸福不是从天上掉下来的，而是从自己心里长出来的；它是一种能力，你必须主动去寻找。幸福是一种天赋，更是一种修养。心胸宽广的人容易幸福，不计较琐事的人更容易幸福。

别让抑郁遮住快乐的阳光 / 90

笑是生命中最美丽的音符 / 93

幸福是一种来自心灵的快乐和满足 / 95

假如老天对你不好，你要对自己好 / 98

如果不可以流泪，不如试着微笑 / 100

做一个可爱的"糊涂"女人 / 102

退一步想，寻找心的海阔天空 / 105

把药裹进糖里，就会好些 / 107

就算路上没有鲜花铺地，也要为自己且歌且行 / 110

5. 困难大家都有,但内心强大的人可以不受苦

困难大家都有,痛苦每个人也都会有,只要是人,这些都是无可避免的,但是内心强大的人可以不受苦。

女人,并非天生的弱者 / 114
胆怯是来自内心的魔鬼 / 118
希望和乐观引导你走向胜利 / 121
推开不一样的那扇窗 / 124
逆境中,别忘了你还拥有选择的权利 / 127
任何艰难都会为进取者让路 / 129
从另一方面看待你的伤口 / 131
不要试图靠眼泪征服世界 / 135
心情再不好,也不要用酒精麻醉自己 / 139

6. 患得患失的人,不会有开阔的心胸

要做到内心强大,前提是看清身外之物的得与失,做淡定的自己。患得患失的人,不会有开阔的心胸,不会有坦然的心境,也不会有真正的勇敢。

女人,别让自己活得太累 / 144
过于追求完美,便会陷进无尽的烦恼中 / 146
何必患得患失,其实有舍才有得 / 151
不必羡慕别人的美丽花园,人人都有自己的乐土 / 154

目 录

想不开就不想，得不到就不要 / 157

名利攀比是女人自己给自己的枷锁 / 160

只看我所拥有，不看我所没有 / 162

爱人是用来爱的，不是用来比的 / 165

从容放下过多欲望，旋转幸福色彩 / 167

7. 你无法改变过去，所以最好忽略它们

　　如果你总是不肯忘掉过去，你就无法变得幸福快乐。你犯过错误吗？你有过很糟糕的经历吗？不管曾经发生过什么，都将它们忽略掉。你无法改变过去，所以你最好忽略它们，把所有的精力都用在处理当前事务上。

记性太好，有时是一种负担 / 172

来世不可待，往事不可追 / 174

扔掉心中的包袱，只为了那些爱你的人 / 176

忘掉伤痕，走出心中的阴霾 / 179

原谅生命中的意外，宽恕曾经错误的自己 / 182

与其日日负疚，不如尽力补救 / 185

为负累沉重的人生做一次扫除 / 187

你要知道，太阳每天都是新的 / 190

5

8. 一个人所能得到的尊重，取决于她的自重

谁自重，谁就会得到尊重，一个不自重的人，也很难得到别人的尊重。无论是自己对自己价值的肯定，还是他人对我们价值的肯定，即自重与被人尊重，都是快乐的。

不自爱的女人很难得到幸福 / 194

不要滥用你的美色 / 195

不要因为爱而迷失了自己 / 198

异性交往，在开放与矜持之间把握尺度 / 200

对自己不喜欢的事情，大声说"不" / 204

别把逆来顺受错当成是贤惠 / 206

把感情作为享受的投资，是可笑而可悲的 / 209

别用你的任性去挑战爱情的韧性 / 211

如果你不尊重生命，你将得不到任何尊重 / 215

9. 对待无情之人最好的办法，就是在精神上战胜他

爱情像一杯烈酒，不胜酒力的女人只要抵上一小口，就会完全失去理智。因此爱情中受伤害的往往是女人。其实爱情本身是美好的，男人本身也没有任何过错，我们的错也不是爱上了某个人，非要说错的话，那么一定是我们太把感情当回事。

女人，情感不是你生活的全部 / 218

目 录

离开不爱你的人，否则只会两败俱伤 / 220
放不开手的执着，时间长了就成了痛苦的折磨 / 222
不要让失恋的痛苦成为堕落的借口 / 225
微笑着放手，爱已失去就不要留恋 / 228
失恋后，就不要再去纠缠 / 231
在变了味的婚姻里保持理智与从容 / 235
就算失去爱情，也要留下风度 / 239

1.
美丽是一种态度，世上没有丑女人

美丽是一种态度。美丽没有秘诀。为什么所有的新娘都很美？因为她们非常在意自己在婚礼上的形象。世上没有丑女人，只有不关心或者不相信自己魅力的女人。

女人最要紧的是要有品位与修养

每个女人都希望引人侧目，因而有不少女人因为相貌平平而自哀自怜，其实做一个引人侧目的女人，未必要有绝色的姿容，也不一定非要做个性感的尤物，但有一点必不可少，那就是你的品位与修养。

电影《川流不息》讲述的是一个极力歌颂真、善、美的单调故事，但其真挚的情意又深深地打动了无数观众：少女时代就离开故乡的女作家，60岁时，因患癌症她返回了故乡，她拒绝手术，因为那样就必须得躺在床上不能行动了，而不动手术则只能活3个月。她选择了后者，为的是去实现返回故乡、与初恋情人和旧时好友团聚的心愿。

这位女作家虽然不再年轻，但依然很漂亮，这种漂亮缘于她一生无悔的追求所造就的优雅气质，还有对生活的品位的追求以及认知。女作家是真正的外柔内刚，她追求美丽，但绝不惧怕死亡，甚至把死亡也当成婚礼一样的盛典：化好妆，身着华丽的和服，端坐在椅子上对着摄像机，诉说着自己最后的人生感悟，并深情地唱起了一首歌……这首歌感动得所有的人都流泪。你觉得她会衰老吗？她会死，但不会老。或者是即使老了也依然是美丽的。因为这就是

1. 美丽是一种态度，世上没有丑女人

一个女人的优雅，一个女人的品位，不因容貌的消逝而减少，反而因此而让品位添色，这也是女人美丽的根源所在。

在国外，你随处可以看见静静地坐在公园里读书或是听音乐的老人，自得其乐地享受着人类最经典文明的结晶。在外国的大教堂里，那些穿着得体、举止优雅的老太太，她们那高贵的气质刹那间会让很多女人自惭形秽，甚至再美丽的女影星也无法同她们媲美。因为那是一种能与岁月抗衡的文化修养，是一种文化的品位。虽然容颜不再，但你能说那些老太太不美吗？

相反，美国作家杰克·伦敦笔下曾出现过这样一个美女：

那是一位风姿绰约、仪态万方的贵族女士，她从游轮的甲板上走过，所有的男士都会为她所倾倒，争相向她致意，大献殷勤。

当时，游轮尚未起航，一群绅士与淑女闲着无聊，便与几个男孩做游戏。他们将一枚金币抛向海面，紧接着男孩子们便会跳下去，谁能捞到金币，金币就归谁所有。这其中有一个男孩尤其引人注目，作者形容他就像一个发亮的水泡，他的灵活和矫健赢得人们一致赞叹。

忽然间，海面上出现了鲨鱼，众绅士、淑女连忙住手，而那位美女却从身边的绅士手中要过金币，忘乎所以地向抛向海中。几乎同时，那个漂亮、矫健的少年鱼跃而下，随即便被海中的鲨鱼咬成了两段。

众人目瞪口呆，继而纷纷离去，没有人再愿意多看那位美女一眼……

可以想象，在平日里，这位贵族出身的美女必然是以她高贵的气质、雅致的装扮，任谁能不为她所吸引呢？可是，她的做法却折

射出灵魂的粗俗与肮脏，这样的人又何谈品位与修养？即便风华绝代，又有谁愿意再多看她一眼呢？

由此可见，容貌并不是女人的绝对优势，而品位与修养才是一个女人最值得引以为傲的资本。所以，我们要做一个美丽的女人，做一个有品位的女人，我们必须从今天开始改变自己，去读书、学习、发现、创造，它能让你获得丰富的感受，重新焕发起激情，你要学会爱自己、赞美自己，善待自己也善待他人。让生活充满了无穷的意义，作为女人你会因此更加灿烂，甚至苦难都能升华为诗一般的境界。

这种优雅不分阶层、贫富、贵贱，它是一种处乱不惊、以不变应万变的心态，也可说是一种历练。做一个美丽雅致的女人，做一个有品位的女人，就是相信自己、相信爱情、相信人生中所有美好的东西，而唯一应该忘掉或平淡对待的就是痛苦。要知道，痛苦是一种经历，会让女人在以后的生活中更为雅致，更为有品位，更为美丽。

在爱别人之前，一定要学会爱自己

也许你曾扪心自问，生活中是不是已经渐渐缺少了快乐，枯燥得已经只能用乏味来形容，究竟是什么让生活变成了一潭死水？张

1. 美丽是一种态度，世上没有丑女人

小娴曾说:"如果你真的没办法不去爱一个不爱你的人，那是因为你还不懂得爱自己。"是啊，女人常常为了爱情付出一切，而往往忘了去为自己留下一点空间，于是受伤的往往是自己。所以女人一定要学会，在爱别人之前要先爱自己，学会尊重自己、欣赏自己。

其实，每一个女人都是降落凡尘的精灵，身为女人的你应该学会爱自己，精心经营自己的美丽，关爱自己的健康，呵护自己的心灵，使自己无论何时何地，遇到何种事物都能够淡然从容。其实，女人是世间最脆弱的动物，容易被伤害，特别是容易为情所困。往往会在失恋后一蹶不振，酿出一幕幕悲剧，在学校的会影响功课，工作的会耽误前程，闲暇时或许会风花雪月，或许会花天酒地、夜夜笙歌。总之，谁都无法预测女人歇斯底里时会发生什么。其实，为什么不学会爱自己呢？

爱自己有太多的理由，也有太多的方式，只可惜很多女性却没有意识到这一点。失恋的痛苦、生活的挫折和失败，早已让她们脆弱的心灵伤痕累累。因此，我们要对着所有的女人大声疾呼：爱别人之前，要先学会爱自己，要学会在恶劣的状况下保护自己，让自己的生命更加精彩，而不要成为他人的附属品。

学会爱自己，才不会虐待自己，才不会刻薄自己，才不会强求自己做那些勉为其难的事情，才会按照自己的方式生活，走自己应该走的道路。才能在爱情到来的时候不迷失自己，才能在爱情离去的时候把握自己。

从呱呱坠地之初，女人就习惯了在外界的观照中看清自己，借镜子来观察自身的容貌，借别人的肯定或赞赏来认识自己的才华，渐渐生出依赖，离开别人的评价便找不到自己的位置。为什么就不

5

能自我肯定呢？为什么就一定要从别人的眼光里寻找自身的价值呢？但是学会爱自己并不等于自我姑息、自我放纵，变得自私自利，而是要我们学会严于律己。

人的一生总有许多时候没有人督促我们、指导我们、告诫我们，即使是最亲近的父母和最真诚的朋友也不会永远伴随我们，我们拥有的关怀和爱抚都有随时失去的可能。这时候，我们必须学会为自己生存，才不会沉沦为一株随风的草。

真正的强者是在与命运的激烈碰撞中，绽放出光芒并实现自我人生价值的人。就像饥渴的沙漠需要水，他需要一切能证明自己存在的东西，需要别人的好言相向、需要金钱、需要房子、需要名声地位、需要表面的幸福。但是不管怎样，世界从不会因为某个人而发生改变。不论我们是在幸福的时候，抑或不幸的时候都是一样充满着爱，空气、水、食物，这都是世界对我们的爱，万物的本质就是爱。也许你没有沉鱼落雁的美貌，也许你没有聪颖睿智的头脑，也许你没有魔鬼般的身材……但一定要好好地生活。活给自己看，也活给爱自己的人看，更要活给那些瞧不起自己的人看。尽管免不了会经历这样或那样的挫折，可那也是上苍给予你的礼物，让你在成长中学会坚强。

所以说，女人一定要学会爱自己，要从今天开始，要从这一刻开始。人，不应该因牵挂未来而焦虑企盼，也不应该沉沦于往事反悔惋惜中而不能自拔，要知道只有现在这一分、这一秒才是最重要的、最能确定的。未来总是会带来希望和失望，过去常常提醒自己的失误，要知道未来和过去都和我们想象的不同，只有现在才是我们可以把握的。

1. 美丽是一种态度，世上没有丑女人

你相信自己是美丽的，你就是美丽的

女人在很多时候都是美丽的，但自信的时候才是最美丽的。有自信的女人会散发出一种与众不同的气质，这种气质令女人更加生动，更加光彩照人，也让女人更加坚强，更加有勇气去面对生活中的种种困难和烦恼。因为有了自信，女人能够更清醒地看到本身的价值，能够看到自身的魅力，更能够看到生活中的美好一面。

究竟是漂亮让女人更自信，还是自信让女人更美丽，我们不得而知。但有一点是可以确定的——自信的女人都是美丽的。相反，缺乏自信的人，虽然可能有着姣好的面容，但总是让人感觉缺少一点什么。一个女孩子在恋爱时如果缺乏自信，她便看不到恋人眼中的欣赏，她的脸上会缺乏恋爱中人该有的光泽，而爱情也会因为缺少自信而不那么美丽生动；一个新娘如果缺乏自信，缺少对未来的肯定，即使这一天打扮得很漂亮，也会缺少一抹动人心弦的光彩；一个母亲如果不够自信，就会忧心忡忡，怕自己无法哺育宝宝健康成长，怕自己无法引导孩子成为真正有用的人，日久天长，脸上也会失去母性特有的风采。

有自信的女人总是能够坦然面对生活所赋予她的一切，苦辣酸甜也好，风雨颠簸也罢，都有勇气去承担和面对，即使遭遇了失败

或挫折,也不会失去对美好生活的向往。她的自信,让她即使无法拥有最漂亮的外面,也一样可以散发出迷人的魅力。

朗达·拜恩的《秘密》一书提到这样一个故事。

两个男人航海旅行,路过一个小岛。部落酋长有两个女儿,大女儿极其漂亮,小女儿长相普通。一个男人对他的朋友说:"我要留下来,娶酋长的女儿为妻。"于是他找了个机会,对酋长说:"我愿以10头奶牛来提亲。"酋长说:"好啊,年轻人,我的大女儿那么漂亮,她的确值10头奶牛。"男人回答:"但是我想娶的是您的小女儿。"酋长讶异地说:"但是我的小女儿相貌平平,她不值那么多,三头奶牛就够了。"男人说:"我就要用10头奶牛来交换她。"

这个男人留在了岛上,而他的朋友继续远行。多年以后,朋友游历归来路过小岛,前去探望他。当他看到他朋友那位非常美丽的妻子时,不禁问道:"你又另外娶了一个女人吗?"这个男人说:"你看到的就是当初我坚持要娶的女人!"朋友问那个女人:"恕我冒昧,我记得几年前你并没有如此美丽,是什么原因改变了你?"那个美丽的女人说:"我只是突然有一天发现自己价值10头奶牛!"

这就是自信的力量,它如此神奇、伟大。每一个美丽的女人心底都有一个秘密:那就是自信的力量。你相信自己是美丽的,那么你的身体、你的笑容、你的表情,都会随之发生改变。所以说,自信对于女人而言是很重要的一种态度。如果你想做个美丽女人,那么,请扬起你自信的头颅吧,让自信的微笑时常挂在你的嘴角,那么无论何时何地,你都会成为最美丽动人的女子,成为生活的主角。

自信的女人,不一定风华绝代,不一定沉鱼落雁,甚至可能相貌平平,但是,因为那份自信,她们会瞬间变得光彩耀人,变得淡

1. 美丽是一种态度，世上没有丑女人

定优雅，因而，无论在哪个场合，她们都是最耀眼的焦点，而且不会因为容颜的衰老而失去自己的魅力。

让自己的性格散发出香味来

有人说，女人是感性的动物，灵魂深处经常暗涛汹涌，被各种矛盾交织着。心理活动、社会角色、行为方式等诸种因素的影响，成就了女人性格世界的丰富和多彩。成熟的女人，在经历社会磨练以后，已不再像少女那样青涩，她们的性格已然基本定型，而一个良好的性格，无疑也是她们吸引人的一个重要砝码。

我们知道，性格是人在出生后的社会文化环境中逐渐形成的，因此，一个人的性格会受到他的世界观、人生观和价值观的影响，性格是人格中最核心的组成部分。良好的性格，会促使一个人将自己的聪明才智用到正道上，让自己和他人同受鼓舞与启迪；而不良的性格或许会把一个人的聪明才智引上歧途，令自己和他人同时陷入痛苦和沉沦之中。

其实，每个人的性格都有其好的一面，也有其坏的一面，任何一个人都是善恶组合的矛盾体，意大利作家伊塔诺·卡尔维诺所著的《一个分成两半的子爵》就是这种性格组合观念的形象说明。

文章说，在一次战斗中，梅达尔多子爵被炮弹打成两半，右半被军医救活，总干坏事，集中了梅达尔多身上的全部邪恶；左半被两个隐士救治，不断地做好事，集中了子爵身上所有良好的性格。

"两个子爵"在激化的矛盾中展开决斗，相互劈裂了原来的伤口，扭成一团，粘在了一起，之后又变成了一个身体健康、性格完整的人。

事实上，我们的性格就是这样，任何一个人的身上都有善良与邪恶性格体现，并不是两半的相加，而是内在性灵的互相渗透与转化。因此可以说，良好的性格来自培养，来自透析。

性格本来有清澈无染的一面，在后天成长中，是诸多的外因蒙蔽了我们的内心。在岁月的流逝中，良好的性格也堆积了厚厚的尘土，只不过我们不知道罢了。生命中的河流虽曾被污染，但涤尽流沙便可以见到清澈的本性；良好性格的明镜虽然蒙上尘土，但拭去灰尘终将闪光。要知道，良好性格本身就具有魅力，只不过有时没有发挥出来而已。培养良好性格，关键就在于"压榨"。这里有个寓言，或许会让大家有所感悟。

故事说有个女人问一位智者："请问，如何才能成为一个受欢迎的人呢？"

智者递给女人一颗带皮的花生："闻得见香吗？"女人摇头。

智者对她说："用力捏捏它。"

女人用力捏了捏，花生壳碎了，露出了花生仁。

智者问："香吗？"

"有一点。"

"再搓搓它。"智者说。

女人又照办了，红色的皮被搓掉后，看到了白果仁。

1. 美丽是一种态度，世上没有丑女人

"香吗？"

"比刚才要香一点。"

"把它放进榨油机里。"智者说。

榨油机的端口流出了芳香四溢的花生油。

女人连连赞叹："好香啊！"忽然，她笑了，"现在我终于明白了，要受人欢迎，就要让自己散发出香气来。"

智者微笑，不语。

这个寓言告诉我们，性格元素的本质往往被种种假象包裹着，从而显示出表里矛盾、似是而非的情状，使人难以捉摸。但只要我们通过有意识地自我塑造和培养，一定可以使性格中的优秀潜质焕发光彩，使自己成为一个受欢迎的人。

在美国，影视女星琳达的名字可谓是无人不知、无人不晓，她被喻为是美国影视圈的常青树，其走红影坛的时间，长达数十年之久。

说起来不禁让人感到诧异——其实在美国，人们一致公认她的演技并不吸引人。的确，琳达自身的修养和文化水平，实在不敢让人苟同。她甚至连小学都没有毕业，没入演艺圈之前，她只是个满街跑着卖糖果的小女孩，蓬头垢面，浑身脏兮兮的。

那么，琳达日后何以大红大紫呢？是背后有人力捧，还是因为其他什么原因？事实上，这些都没有，没有人刻意去捧琳达，甚至个别影视公司为了证实琳达的演技不入流，而不再和她签约，这足以证明她的粗俗和糟糕。但是影迷们却不是这样，他们热烈地希望看到琳达。

其实，导致多数影视公司不得不拉上琳达的原因非常简单——

11

就是为了票房。不过，琳达到底好在哪里呢？很长一段时间，人们都无法参透个中玄机。当年，美国演艺界人士甚至还拿同期一位女演员与琳达做比较。这位女演员的名字叫作温娜，她曾接受过高等教育，曾在电影学院深造，演技精湛在业内是公认的。只是，无论她怎样努力，票房始终无法超越琳达，琳达的受欢迎程度一如既往的好。

这以后的40年间，演艺圈中很多人都在拿二人作对比，但任他们横比竖比，始终没有比出个所以然来。事情就是这么奇怪，修养差、演技糟糕的琳达，就是要比出身高等学府、演技一流的温娜受欢迎。任你再不解，也没有办法。

直到多年以后，一个心理研究小组在一项"另类"调查中为大家揭开了谜底：其实，人们并不是喜欢琳达的演技，也不完全是因为她出演的那些角色。人们喜欢琳达，不是因为她的工作能力，而是因为琳达自身，确切地说，是琳达的"欢喜"性格和"开朗"的笑容。

这也许正应了那句话——性格决定命运，可以说好性格的女人好命一辈子。如今，我们已经有了一定的社会阅历，积累了一定的社会经验，遇人遇事也应懂得怎样做才能收到最好的效果。所以，我们应该了解自己的性格、把握自己的性格，利用自己的性格去赢得大家的喝彩。这样才能让自己顺心顺意。

其实，每个人的优良性格都是在后天的实践活动过程中形成的，是不断进行自我修养和打磨的结果，这样性格才会锋锐明亮起来。锤炼出良好的性格，就会有明朗的心境，我们也就掌握好了自己的心灵之舵，也就为自己的人生开辟了一条光明之路。

1. 美丽是一种态度，世上没有丑女人

将自己独一无二的魅力进行到底

有些女人总是埋怨自己长得不好，这没办法，长相是天生的，也许我们生来就不是天生丽质的那种，但事实上，我们依旧可以绽放自己的那份特有的女性魅力。女人，应该培养自己与众不同的气质，应该将这种气质最大限度地展现在自己人生的方方面面，那样，即便我们不是很漂亮，却同样可以在众人面前表现出自己的个人风采，成为大家眼中最迷人、最雅致的女人。

有很多女人都觉得，只有那些天生丽质的女人才能称得上是美丽的。其实并非如此，如果一个女人只是外表漂亮，没有一点内涵，那她只能说是一个"花瓶"，终归躲不开人老珠黄的那一天。然而有些女人，她们并不是最出众的那一个，却总是在人堆儿里成为大家关注的焦点。这究竟是怎么回事呢？其实答案很简单，主要原因就在于她们懂得不断地提升自己的内在气质，懂得从另一方面提升自己的个人魅力。这样的女人，即便是时间让她们的脸上留下了岁月的痕迹，看上去也依旧光彩照人。不论在她们的行为上，还是在她们眼神中，总是闪耀着那么一种从容和自信，总是让人感觉到这个女人既值得亲近，又很有阅历。

事实上，女人想外表美丽很简单，因为这个时代有那么多的先进技术，但是一个人的个人魅力是别人怎么模仿也模仿不了的。它存在于我们的内在，深入到了我们的举手投足之间，是我们每个人所特有的宝贝。我们应该珍惜这个宝贝，即便有一天我们年轻的容颜将随着岁月的洗礼慢慢老去，但是如果你能保持好自己的内在魅力，就是那道道皱纹也能让你显得绚烂夺目，这是属于你一个人的精彩，而我们一定要将这份魅力延续下去。

女人的美不仅仅表现在她的外表，更重要的是她具备自己独特的个性，这才是她最吸引人的地方。那么，现在就请大家好好审视一下自己，作为女人的你，如果还在一味地模仿时髦的装扮，不注意自己内心的修持，那真的一定要注意了。每一个女人都应该有其独特的韵味，我们可以用书本去丰富自己，可以用思想去改造自己，可以用品位去武装自己，还可以不断地去挖掘自己的潜力……总而言之，在不断完善自己的过程中，你一定会发现自己原来就是一个充满无限潜力的宝藏，我们总能在细微处创造出属于自己的魅力，而且这份魅力将伴随你一生，是你一辈子无法被人夺去的美丽光环。

女人真的需要一种内在的美丽，一种由内而发的美丽。当别人用一种崇拜的眼光看着我们时，那一刻，我们真的会很骄傲，不露声色的骄傲。原来，岁月赐予了我们很多沉稳，一种不露声色的沉稳，更赐予了我们一种优雅，一种时刻微笑的优雅。女人长大了，终于明白了人生，明白了一切都应随缘，明白了万事都要顺应天意，得饶人处且饶人，给自己留条后路，也给别人留条后路。如今，我们真的应该成熟了，不再一味张扬，而脸上那淡淡柔柔的微笑，是不是时刻也透露着女人的魅力呢？原来，女人美丽的不止是脸蛋、身段，还有一种由内而外的妖娆，是那种透着女人味的魅力，令人

1. 美丽是一种态度，世上没有丑女人

们心向往之。

所以，别再因为自己没有比别人更俊俏的容貌而苦恼了，用自己炽热的情怀去感受那份作为女人的美好吧。只要你用心地去完善自己、丰富自己，你一定会展现出属于自己的韵味，彰显自己无可抵挡的个人魅力。

要知道，美是无法界定的，真正的美女不一定非要拥有魔鬼的身材、天使的面容。作为女人，我们应该清楚自己的特质，清楚自己个性的修为，这才是我们真正的魅力所在。有的时候，真正的美丽无需雕琢，也无法效仿，因为我们都是不同的个体，我们永远独一无二，所以，还是让我们将自己独一无二的那份魅力进行到底吧。

打造属于你的专属气质

女人，由于外形与性别的优势，具有一种天赋的气质。西方神话说：女人是由男人的肋骨做成的。贾宝玉说：女人是水做的骨肉，我见了女人便清爽……所以从某种意义上讲，女人都是美的。本身就美的女人如果再进行一些外形上的装扮与内在素质上的提高，要获取一种高贵的气质美就易如反掌了。

一个女人一旦拥有了不凡的气质，她将终身受益。因为，气质是永不言败的；气质，是一种成熟的极致美。

有气质的女人，不会随着时间的流逝而慢慢凋零。她们是人生四季里的长盛花，鲜艳却不张扬地盛开着。

　　气质是集一个人的内在精神而释放出来的高贵品格的影响力。犹如一颗夜明珠，给人的不仅是惊喜，还有眼前一亮的感觉；犹如一缕暗香，让人不知不觉沉醉；犹如一道惊雷，让人清醒。

　　气质是一种修炼到超越自我的境界。这种境界，让人脱俗，使一个普通的人变得高雅，胸怀坦荡，行为超凡入圣。因此，一个有气质的女人，面对各种不同的困境，她都不会胆怯。最终，气质可以帮助她扭转不利的局面，取得意想不到的胜利。

　　气质会让女人拥有一片属于自己的"精神家园"，占有属于自己的心灵空间。即使遇上再多的不幸，也不至于造成太多的失望、太多的茫然……

　　气质是女人最真实、最恒久的美。再美的女人，如果没有气质，也只是一个花瓶而已；相反，天生并不美的女人，即使是没有华丽的服装，一旦拥有健康的翅膀，也会立刻神采飞扬，展翅高飞了。须知，外表的美是短暂而肤浅的，如同天上的流星，转瞬即逝，而气质，渗透于女人的骨髓与生命之中，让她们在面对岁月的无情流逝时，拥有一份从容和淡泊。

　　因此，作为女人，我们一定要寻找属于自己的气质，要在精神上树立独立的自我，通过对自己的"文化美容"，找回真实的自我。

　　真正的女性气质其前提是要有崇高的生活理想。女性的命运不应决定于男性，而应取决于她自己的努力，她的气质以及她的才能发挥的程度。女性本人越重视自己的天资、才能，她的美和女性气质就越灿烂夺目。

1. 美丽是一种态度，世上没有丑女人

做有气质的女人要懂得如何刚柔并济，有时要如一盆火、有时要如一块冰，有时要似一杯茶、有时要似一盏陈酿。这样的女人是男人得意忘形时的清醒剂、颓废沮丧时的助推器。气质女人时而温柔、时而刚强、时而浪漫、时而平实、时而文静、时而活泼。丰富的内涵给人以新奇之感，宽容的胸襟使人敬慕。她是维系家庭的磁石，是工作中的最佳搭档。气质女人是放风筝时用的线轮，风筝飞得再高也要有线牵引。

女人，其实处处能都显现出自己的气质，除了那端庄典雅的脸庞，女人在形体语言、身体曲线、音容笑貌、服饰妆容、衣鬓流香之间，也都能够散发出特有的气质。她身上的每一处细节、每一招一式都可以气质十足。气质是女人的一种内在文化，它无形无色，像丘陵的微风，你感觉不到它的存在，却看得见满坡枝叶的摇动，这股风来自于内心。

真正的气质，不在于卖弄，而在于自然地流露。气质在于女人对自身恰当的把握，敛与放的分寸至关重要。如果你过于收敛，也许你就显得端庄典雅有余，但韵味不足；如果你过于张扬放肆，你就失之于轻佻风骚。

很显然，气质不是美女的专利，气质是一个女人对精致的追求，是一种生活的态度。女人，岁月在逐步掠夺她们青春的同时，给了她们气质的馈赠。有气质的女人恰似一首意犹未尽的诗，给人惊喜之余回味无穷。

带一抹风情，塑一份神韵

有风情的女人美得动人。这风情是女人特有的韵味，是女人灵性的通感。她们风情而不风骚，含蓄而非暧昧，举手投足、一颦一笑之中都流露出一种味道，那是由骨子里散发出的女人味道，是依附在她们身上的精灵，若有若无，让人捉摸不透。

对于男人而言，风情万种的女人有着无法抗拒的诱惑力，因为她们美丽中带着那么一点张扬，却又不乏优雅与从容。她们有着天使一样的心肠，却又多少带着那么一点蛊惑人心的娇媚，让人在遐想万千之余又不好意思心存邪念。

风情万种的女人，温柔时，有如细雨和风，细腻但很适度；明媚时如淡烟疏柳，婀娜多姿、亭亭玉立；妩媚处，又如火红玫瑰般娇艳欲滴；高傲处，恰似兰花一般的典雅清丽；伤心时，粉面含嗔、梨花带雨；豪迈时，行云流水、奔放不羁……这样的女人，你永远也无法把握她的心思，而她却常常给你带来意想不到的惊喜。

风情万种的女人不会在人前刻意去彰显自己，却会在无形中释放一种勾人魂魄的磁力。与这样的女人相处，男人们会觉得时时都是那么轻松愉悦、疏朗快活，只愿时间就停留在这一刻；与这样的女人闲聊，男人们会有一种如沐春风的感觉，唯求话题永不停歇；

1. 美丽是一种态度，世上没有丑女人

与这样的女人恋爱，男人会心甘情愿地奉上自己的一切，只求彼此天长地久……这样的女子，就是天生的尤物，她那轻轻的一回眸、淡淡的一浅笑，每一抹情态，乃至眉间、发梢，都是风韵浓浓、情韵十足，然而，她又不轻佻、不放纵，更不会肆无忌惮地抛媚眼、送秋波，她们活得妩媚、活得优雅、活得从容。

无怪乎有人长叹：女子如此多娇，引无数英雄竞折腰！的的确确，自古英雄难过美人关，而我们耳熟能详的美人又有哪一个不是风情万种的？

褒姒嫣然一笑，倾国又倾城，那以江山博一笑的周幽王，或许在男人们看来忒不理智，但若从女人的角度来看，他足以称得上是一个"情痴"。

浣纱女西施，连病态都惹人千般怜、万般爱，也难怪一度励精图治、使吴国达到鼎盛的夫差沉醉在她的风情之中。

远走塞外的王昭君，离愁悠悠，玉指轻拨，秋风沉醉，鸿雁不飞，怎一个"美"字了得？她单凭一个女子的智慧与风情，便使边塞烽烟熄灭50年，这引来多少文人骚客的高歌。

有"闭月"之称的貂蝉，身负使命、忍辱负重，凭着万般风情撩拨得董卓、吕布二人反目成仇，这份女人的能耐恐怕就连三国诸英豪也要自叹不如吧。

那雍容华贵的杨玉环，更是"态浓意远淑且真，肌理细腻骨肉匀。绣罗衣裳照暮春，蹙金孔雀银麒麟。头上何所有？翠微合叶垂鬓唇。背后何所见？珠压腰衱稳称身"。乃至连一向自视清高的青莲居士都赞其曰："若非群玉山头见，会向瑶台月下逢。"

当然，上述这些风情万种的女人离我们生活的年代相距甚远，

我们无法用她们的风情来衡量自己。那么，作为一名现代女性，我们要做到何种程度才算得上有女人味呢？我们需要这样。

无论是我们是普通的家庭主妇，还是职场上的白领丽人，都不要丢掉女人应有的温顺、细致、贤惠与体贴。不过，这也只是淑女式的女人味，要真正成为一个风情万种的女人，我们还有很多事情要做。

我们要让自己变得更具文化底蕴，更具修养层次。诚然，女人味一定程度上源于身体之美，如瀑黑发、皓齿明眸、樱桃小口、赛雪肌肤，再加上柔和的身段、娇媚的笑容，的确让人一见之下便会怦然心动。但其实，女人味更多来自我们的内心深处。有文化、有修养的女人一如月下湖水、一如静放百合、一如清晨露珠，沉静典雅、暗香涌动、晶莹剔透。这样的女人是柔情似水的，是善解人意的、是明理善良的，这份由内而外的美更胜那些所谓的"倾城倾国"。

我们要让自己散发出香味来。显然，这不是要你去买什么名贵的香水。这香味是指女人骨子里所散发出的迷人气息。有浓郁香味的女人应该是这样的：她们虽然承受着高节奏都市生活带来的紧张感，承受着和所有女人一样的压力，但从不会愁容满面，就算是再紧张也会微笑嫣然；她们亲切随和，女人喜欢与她亲昵，男人喜欢与她倾谈，就算是隐私问题也不愿对她们有所保留。与她们畅谈，常会给人以启迪，让人平静、让人释然、让人悔悟、让人奋起，让人感受到人生的美好与希望……这就是有香味的女人——于无形中散发沁人心脾的气息，久久不散。

我们要让自己散发出雅味来。要培养出一种淡定与从容，别在

1. 美丽是一种态度，世上没有丑女人

物质的世界中迷失自己。事实上，在这个金钱至上的时代，很多女人一旦沾上了金钱，优雅便不复存在。有雅味的女人也喜欢钱，但没有铜臭气。挣钱对于她们而言是一种价值的体现，她们连爱钱都爱得那么优雅。这才是有雅味的女人——她们有独立的人格、独立的价值观，有一种对人生独特的追寻，威武能不屈，富贵能不淫，贫贱不能移。

我们要让自己散发出一股韵味来。这韵味便是女人特有的柔情，似春雨般润物无声，似冬日里的一轮暖阳。有韵味的女人不矫揉、不做作，她们知寒知暖、知冷知热、知是知非、知轻知重，她们理解男人的忧与伤，了解男人的苦与乐，只细语轻言，只轻一抚摸，便可化解男人无尽的惆怅。这便是有韵味的女人，温柔而不娇憨，用女性特有的胸襟去拥抱整个世界。

我们要让自己有一种情味。不是春情荡漾的情，而是调情的情。有情调的女人未必很富有，但她们依旧可以在忙碌之余将自己的小窝布置得玲珑雅致。窗帘桌布，流苏花边，窗明几净……就算是没有什么高档的家居，但也一定摆放得整整齐齐。打扫得纤尘不染。有情调的女人必然精于装饰自己，一如花样年华中的苏丽珍，一袭合体的旗袍，凸显着美丽的曲线，发髻高挽，丰姿绰约，秋波流转，欲语还休，风情万种……那份东方女性特有的神韵，宛若古典的花，静静绽放在时光深处，任春秋更替、岁月蹉跎，也绝不会凋谢，就那么妖娆着，那么妩媚着……

我们还要让自己有一种羞味。欲迎还羞、含情脉脉，嫣然一笑，楚楚动人，像一朵水莲花不胜凉风的娇羞，以适当的遮掩，营造一种朦胧的、夺人心魄的美。

这便是女人的风情，是女人的神韵，如一道名菜，本身没有什么味道，需要我们去调剂；如一瓶经典的红酒，入口醇香，经久不散。一个女人，倘若没有一点风情，便有如鱼儿缺了水，鸟儿失去了天空，丢掉了生命的色彩，不能称之为真正意义上的女人。既然我们今生注定要做女人，那为何不去做风情万种的女人呢？这样才对得起自己，对得起"女人"这两个字。

优雅的女人一定会有属于自己的高雅爱好

女人到了一定的年纪，一般都有一份属于自己的工作，也有一个为之操心的家庭，看上去忙碌的生活其实也是相当单调乏味的。往往是电视机或电脑前面一坐，让时间哗哗地大段地溜走。只要一看电视，就什么也干不了。这是一种懒惰的惯性，坐在沙发上，哪怕节目十分无聊幼稚，你也会不停地换台，不停地搜寻勉强可以一看的节目，按下关闭键显得那么困难。很多的女人在工作以外都是这样的"沙发土豆"。黄金般的周末，多半也是在不愿意起床、懒得梳洗、不想出门中胡乱度过。同时，几乎所有人都在抱怨没有时间，到了真有时间的时候又不知道该如何打发，只是习惯性地想到睡觉和"机械运动"——看电视、玩一款熟得不能再熟的电脑游戏，顺手就打开了。事后又觉得懊恼，于是心

1. 美丽是一种态度，世上没有丑女人

情愈加沉闷。

这就需要女人在8小时工作以外，去寻找、培养一种属于自己的趣味，在增长自己知识的同时提升自己的修养！

事实上，越来越多的女人已经意识到，无止境地追求金钱并不能够带来内心的幸福，也未必可以像想象中那样脱掉"贫困"的帽子。真正的贫困首先产生于心中，再反映到现实中。有钱而没有品位是一种可悲的、精神贫困的表现。而令我们感到欣慰的是，品位和生活的情调是可以培养的。它与金钱完全不同，获得品位的过程不需要一个人在精神和道德方面堕落，恰恰相反，通过对生活品位的培养还可以提升自己的精神世界。不论你喜欢与否，你不得不承认，有品位和格调的女人能够让人另眼相看。有钱不一定能使你的社会地位得到提高，但是，有修养、有格调、有品位的人却必定受到欣赏和尊重，因为人们会认为你社会地位比较高。

请女人们花一点时间培养你的品位吧！提高了品位的生活方式能够积极地影响一个人的思维。想象一下，一个整天忙得如同车轮一般的女人，哪里有时间思考？而不思考的人显然是无法进步的，更别说岁月流逝以后依旧保持美丽。这听起来似乎有些耸人听闻，但却是无可辩驳的。人的思维会受到周边环境的影响，重复性的机械活动简化了大脑的功能。一个只会工作的人生活在一维空间，而一维空间是缺乏幻想的，是简单的、无乐趣的。这时就需要女人努力发掘自己的兴趣，提升自己的品位，从而保持一生美丽。

我们的闲暇时间说多不多，说少却也不少。就算是为了打发时

间，我们也应该培养一项高雅的兴趣。本来玩就是玩，没有什么高下之分。可是我们心里总有一根隐形的杠杆，自动划分什么是"健康、向上的"，哪些又是需要改变的颓废习惯。例如：一般人认为看书于身心比较有益，而老是玩电子游戏连自己都有点过意不去。你可以研究28星宿，在家中露台上架一台最专业的天文望远镜，时时夜观星象；也可以闲时研究《本草纲目》……这些兴趣既有趣，也让人刮目相看。

所以说，优雅的女人一定要有一种自己的爱好。那么，到底怎样培养一种属于自己的爱好呢？我们为大家提供了一些参考。

1.培养一项高雅的爱好，认真研究你的爱好，或许有一天，你的爱好会对你的职业有着莫大的帮助。有一门业余爱好，有的人甚至发展到了相当高的水平，有可能改变你的人生。

2.请选择这样的爱好：音乐、绘画、雕塑、舞蹈、书法、围棋、国际象棋、鉴赏古物、品酒、桥牌、学习一门外语，等等。如果你有条件，最好请一位私人教师，你会发现一对一的学习效果令人吃惊。但请不要选择这样的爱好：摇滚乐、街头说唱、打麻将、喝老白干、打保龄球（在西方，它是没有品位的活动）。

3.为了大脑的灵活，至少学会欣赏古典音乐。

有位女士说，有太阳的早上自己会放男高音帕瓦罗蒂的曲子，浑身充满了昂扬向上的情绪；阴天的早上则放忧郁的日本音乐，这种哀愁像在雪天里饮清酒。还有一位女士会在商务谈判时为客户播放贝多芬的音乐。这难道不是很有创意吗？

总而言之，如果我们想要成为一个优雅而又美丽的女人，我们就要为自己培养一些高雅爱好。琴棋书画诗词歌赋所谓要门门精通，

1. 美丽是一种态度，世上没有丑女人

只要把其中一项学精你就大功告定。以上的几大爱好，极能让男子领略到女人"静若处子，动若脱兔"的非凡魅力，又能令我们在潜移默化中将自己修炼得极富神韵。

别让嫉妒毁掉你的美丽

对于嫉妒的感觉，女人们或许都不陌生，这是一种极力想要排除或破坏别人优越地位的心理倾向，一旦过了头，就会产生憎恨的负面情绪。尤其是在我们与对方之间差异性很小、外界条件基本相同的情况下，这种心理更容易产生，倘若不加以控制，甚至可能危害到他人的利益，从而使自己也受到良心和道德的谴责。

这种酸性心理可以说是人性的弱点之一，在心理学上，它被视之为"双刃剑"，因为一方面它可以对个体形成一种激励，而在大多数情况下，它又会使我们在做事的过程中伤害双方。所以文学家们历来都用妖魔或病蛊来形容它，莎士比亚说："嫉妒是绿眼的妖魔，谁做了它的俘虏，谁就要受到愚弄。"的确是这样，嫉妒是一种破坏性因素，对生活、人生、工作、事业都会产生消极的影响，这恶魔总是在暗暗地、悄悄地毁掉人间美好的东西。这是人际交往中的心理障碍，它会限制人的交往范围，压抑人的交往热情，甚至能化友为敌。嫉妒破坏友谊、损害团结，给他人带来损失和痛苦，既戕害自己的心灵，又殃及自己的身体健康。

其实，嫉妒对个人来说，是一种十分痛苦的情绪体验。大家都知道嫉妒心是一种不好的心理，因而一般都羞于启齿。因此，只能深深地隐藏于自己的内心，这种阴暗的心理必然使人陷入痛苦和烦恼之中。心理学家告诉我们，一个人如果长时期处在这些不良的消极因素影响下，就会产生各种各样的疾病，如胃病、高血压、头痛、十二指肠溃疡等，这都与人的精神状态有着千丝万缕的联系。

嫉妒心太强的女人不能容忍别人超过自己，害怕别人得到她所无法得到的名誉、地位，或其他一切她认为很好的东西。在这些女性看来，自己办不到的事最好别人也不要办成，自己得不到的东西别人也不要得到，显然，这是极其不好的心理状态。

张洁与李岚是两个同龄的女人，同为一家公司的职员，同在一个宿舍生活。在公司里，她们两个人是形影不离的好姐妹。张洁活泼开朗，李岚性格内向，沉默寡言。在工作中，人们目光更多地投到了张洁的身上。李岚逐渐觉得自己像一只丑小鸭，而张洁却像一位美丽的公主，心里很不是滋味，她认为张洁处处都比自己强，把风光占尽，因为这样，李岚的心理渐渐失衡，嫉妒心理在强烈地滋生。她时常以冷眼对张洁。一天，张洁参加了公司组织的服装设计大赛，并得了一等奖，李岚得知这一消息先是痛不欲生，而后妒火中烧，趁张洁不在宿舍之机将她的参赛作品撕成碎片，扔在张洁的床上。她俩因这件事而反目成仇。

由此可见，嫉妒更是一种仇恨，这种仇恨使我们对他人的才能和成就感到痛苦，对他人的不幸和灾难感到痛快。可以说，我们不

1. 美丽是一种态度，世上没有丑女人

是在自己的成就里寻找快乐，而是在别人的成就里寻找痛苦，所以我们自己的不幸和别人的幸福都使自己感到痛苦万分。

但我们就是喜欢与别人比较，看到别人比自己优秀就眼红，就会产生焦虑、不安、不满、怨恨、憎恨。我们的情绪因此变得极端不稳定，易激怒、爱感情用事、反复无常、自制力极差，一次次的痛苦循环，使得心理负荷越来越重，终日被自己的嫉妒所折磨、撕裂、噬咬，使得我们内心苦闷异常。我们就这样怀着仇视心理和愤恨眼光去看待他人的成功，而自己却在这种不良的情绪中受到极大的心理伤害。

其实，嫉妒心强的女人，一般自卑感也较强，没有能力、没有信心赶超先进者，但却又有着极强的虚荣心，看到一个人走在她前面了，她眼红、痛恨，她埋怨、愤怒……因而便想方设法去贬低他人，到处散布诽谤别人的谣言，有时甚至会干出伤天害理的事情来。这样做的结果，不但伤害了别人，同时也降低了自己的人格，毁掉了自己的荣誉。

在这种酸性心理的作用下，我们时时刻刻都紧绷着心上的一根弦，时刻处于紧张、焦虑和烦恼之中。我们不能平静地对待外部世界，也不能使自己理智地对待自己和他人，我们对比自己优秀的人总是抱着不满和怨恨之情，对比自己差的人又总是怀着唯恐其超过自己的恐惧之心。这会令我们一生碌碌无为，嫉妒的受害者首先就是我们自己。

可想而知，如果经常处于愤怒嫉恨的情绪中，势必影响自己的学业、工作和生活。自己不上进，又恨别人的上进；自己无才能，又恨别人有才能；自己无成就，又恨别人获得了成就。我们的光阴

和生命就在对他人的怨恨中毫无价值地消磨掉，到头来两手空空，一事无成。

"世上本无事，庸人自扰之。"善妒的我们其实都是庸人，自己给自己制造烦恼、痛苦和思想包袱；自己给自己制造"敌人"，树立对立面；自己给自己制造不平静，其实，这就是在无事生非和无事自扰。

我们应该向那些聪明的女人学习，她们一旦意识到自己有了嫉妒之心，立即就会纠正自己，打消损人的恶念，把嫉妒心转化为向他人学习的动力，努力追赶上去，事实上，也只有这样，我们才会创造出令人羡慕的业绩。

学会了宽容，才能做到真正的优雅

宽容是一种修养、一种境界、一种美德，更是一种非凡的气度。作为女人，也许很娇贵，也许很单纯，也许很浪漫，但拥有一颗宽容之心，才是最可贵的品质。

很多人不懂宽容的真正含义的，更难以真正做到宽容。其实，宽容对于我们来说十分重要。在长期的家庭生活中，它是吸引对方持续爱情的最终的力量，它不是美貌，不是浪漫，甚至也可能不是伟大的成就，而是一个人性格的明亮。这种明亮是一个人最吸引人

1. 美丽是一种态度，世上没有丑女人

的个性特征，这种性格特征的底蕴在于，一个女人怀有的天使般的宽容。

即便无法避免爱情的悲剧，最终到了各奔东西的时候，宽容的女人也不会忘了说声"夜深天凉，快去多穿一件衣服"。因为一个犯了错的人，也许他正在受到良心的谴责；而且，在这句话中，你不但在给自己机会，同时也在给别人机会。

现实生活中常常发生这样一类事情。

丈夫在生意场上爱上了一合作伙伴，那是个腰缠万贯的独身女人，且年轻貌美，聪明能干。

妻子知晓后无法接受这一事实，她大吵大闹，寻死觅活。"祥林嫂"般地见人就哭诉："都十几年的夫妻了，他居然这样。我要离婚！"

那男人看起来居然很委屈的样子，说："本来不想闹大，是她不依不饶，让我觉得没有办法在家里待下去了。"后来，丈夫坚决要离婚，理由就是妻子太小气。

妻子此时也冷静下来了，分析了一下目前自己的处境后，她对丈夫说："我给你3个月的时间，让你去和她过日子。如果你们真的难舍难分，我成全你们；如果过不下去，你还是回来，我们好好过日子。"

丈夫带着壮士一去不复返的豪情迈进了独身女人的家。两个月零七天后，丈夫回来了，说："我们好好过日子吧，我离不开你和女儿。"妻子微笑着接纳了丈夫……

我们先不谈论在这件事情上女人受到了多大的委屈，单看其结果，也足以说明：学会了宽容，最大的收益人是女人自己。

每一个深深爱着的女人，都会心甘情愿地献出自己的一切，去悉心地照料、庇护她所爱的人。男人在女人面前永远是长不大的孩子，生活中，他们有着太多的不可爱，如果女人不宽容他们，他们又有何幸福可言呢？

宽容，能体现出一个女人良好的修养、高雅的风度。宽容不是妥协，不是忍让，不是迁就，宽容是仁慈的表现、超凡脱俗的象征，任何的荣誉、财富、高贵都比不上宽容。女人们要认识到，宽容别人，其实就是宽容我们自己。女人，因容而柔，因宽而美，学会了宽容，我们才能做到真正的优雅。

用你的善良征服世界

同情心与人性密不可分，因为有了同情心，才有了人性；同样，有了人性才会有同情心。作为女人，即使我们的身躯娇弱，即使我们手无寸铁，但只要我们拥有并播撒自己的同情心，我们的形象就会光彩照人，我们的力量就足以征服一切。英国的黛安娜王妃就是这样一位用同情心征服世界的女人。

黛安娜王妃经常带孩子们到普通人中间去，让他们了解民间疾苦，培养他们的爱心。她还多次带他们到无家可归者聚集的旅馆去访问，去医院探访艾滋病患者和其他伤病员，要他们学会关心人、

1. 美丽是一种态度，世上没有丑女人

爱护人。

她把更多的精力投入到了慈善事业中。在她的一生中，她共参与了150个慈善项目，并且是超过20个慈善机构的赞助人或主席。她曾表示，希望自己成为英国人心目中的"爱心皇后"，这不仅为她赢得了英国民众的爱戴，也让她得到了国际社会的认同，"公益大使""爱心大使""国际和平大使"等头衔纷纷归属她。

黛安娜这种对公益慈善事业的热心，绝对不是贵族名人例行公事的表演。对她来说，乐于助人是天性。早在少女时代，她对老人、儿童的善心就已有口皆碑，她还因为对学校和社区服务所做出的突出贡献，被学校授予了克莱克·劳伦斯小姐奖。

类似这样的爱心举动，即使在黛安娜成为王妃之后，也始终不曾放弃。每年，黛安娜都要参加二百多项官方活动，她真诚地去关爱那些常人也不愿接近的乞丐、病人、残疾人，并且尽量长时间地与他们交谈；她为那些无家可归者详细地抄写救济院的名称和地址，给他们一些实实在在的帮助；她在津巴布韦为难民分发食品；在萨拉热窝访问战争致残的儿童。

黛安娜像是一位落入凡间的爱心天使，虽然顶着一座尊贵无比的英国王妃的桂冠，但是，她却永远是那么平易近人，为人民所喜爱，她以她独特的身份和影响力，致力于改善那些处在水深火热之中的人民的命运。她每到一地，都会引起世人对这一地区存在问题的关注。

黛安娜是第一个站出来向全世界发出同情艾滋病人的国际名人。

1991年7月的一天，当时的美国总统夫人芭芭拉·布什与黛安娜一同探访一家医院的艾滋病病房。在与一位病得已经起不来的患

者聊天时，黛安娜给了他一个大大的拥抱，患者禁不住流下热泪，总统夫人和其他在场的人都被深深地打动了。

黛安娜说过，艾滋病患者更需要温暖的拥抱，她身体力行，实践了自己的诺言。

在1991年长达5个月的时间里，她一直默默地照顾艾滋病患者艾瑞·杰克逊。艾瑞精力充沛，极富魅力，是英国芭蕾、歌剧等艺术领域的杰出人物。20世纪80年代中期，他被诊断为HIV阳性。

黛安娜总是给艾瑞带来一束鲜花或别的小礼物，娓娓说起她今天又做了些什么。艾瑞当然能够感觉到，黛安娜绝非蜻蜓点水似的走过场，她带来的欢笑、理解和深深的关怀是那样的真切，那样的感人肺腑。

"她绝不是一个华而不实、散发着香味的装饰品。有她在，气氛总是那么快乐，一种理解痛苦的快乐。"一个目睹黛安娜陪伴在即将辞世的艾瑞身旁直至其去世的护士这么评价她。确实，因为懂得，所以爱！

在黛安娜生命中的最后几年中，她开始成为一名反地雷机构的最出名的支持者，她参加了许多重大的、值得纪念的清理地雷现场的活动。

1997年1月，她参加了红十字会组织的非洲安哥拉之旅，亲自踏进地雷区视察，冒险探访了被地雷炸断脚的伤者、伤残人士组织和康复专家。以往黛安娜出访，都会有大批随从，可是，这一次她却只带了两名保镖。

8月，她又出访了波斯尼亚。虽然波斯尼亚的内战已经结束，

1. 美丽是一种态度，世上没有丑女人

但那里仍有不少潜在的危险，当黛安娜身着防护服走在插有骷髅标记的地雷区旁的小路上时，人们都为之动容。

在她的感召下，安哥拉及波斯尼亚等战乱地区的人民因误触地雷而导致伤残的新闻，从此跃上国际新闻媒体，世界大多数国家都签署了关于禁用地雷的国际协议。

黛安娜对慈善事业的热情和对民众疾苦的深切关怀，使她赢得了"和平王妃"的尊称。英国首相布莱尔更是称黛安娜是"人民的王妃"。布莱尔说，黛安娜的个人生活经常遭遇到麻烦和苦恼，然而她给社会中那些需要帮助的人们带来的却是欢乐和安慰。

女人原本只是一张白纸，善良品质由一点一滴的小事中积累而成的。没有同情心就没有了善良，没有了善良就没有人性。缺失了人性，怎么会有人道？做女人就要做一个善良的、富有同情心的女人。我们应该自觉帮助那些弱者或是无自卫能力的人；帮助那些陷入困境的人。在日常生活中，对于那些俯卧在人行道上、挡住我们去路的残疾人士，即使我们认为他们是骗子，即使我们不愿把自己辛苦赚来的钱送给他们，也不要对他们施以白眼。就看在都是人的份上，就看在他们身有残疾的份上，请给予他们足够的尊重。因为，他们绝对是没有办法，或者说没有更好的办法，才会出此下策。

看到凌晨四五点钟迎着寒风卖煎饼果子的老人，不妨花点钱到他们的摊子上吃一回，随口和他们聊一聊，他们很可能是要供养家里的大学生或是有了不得已的难处，才会在这把年纪还出来做买卖。我们吃多少没关系，事实上我们也吃不了多少，重要的是，请不要和他们大谈卫生、大谈质量，这会让他们的心很痛、

很痛……

　　闲暇之余，不妨走到弱势群体中去，去看看他们在忙些什么、说些什么、想些什么，能不能帮上他们还在其次，重要的是要有这颗心。

　　是的，我们要做个富有同情心的女人，我们要学会与别人一起去承担苦难；要学会用心去关怀弱者；要学会以情去感动人。我们大可不必为自于拙于言辞、不谙世事而苦恼，只要我们拥有一颗同情心，我们就能够成为这世界上最优雅、最美丽的女人。

2.
女人跟男人一样，也是独立的人

女人，不要总先想着像菟丝花一样紧紧地依附在男人这棵"树"上，那样的话，一旦失去了"树"，我们就再也不能独立生长。在寻找一棵大树之前，女人应该把自己先培养成一棵树，双木才成"林"。

女人应该自主，女人必须自主

如果说在过去年代，这样还有情有可原，毕竟女人实在没有足够的受教育机会，更没有平等的社会环境和发展空间，女人就如笼子里面的鸟儿，永远飞不高，也看不远，沦为男人的附属品，当然是必然。但如今时代变了，即便不能说男女有百分之百地平等，女人也有了空前自由的空间去发展自身，若不能好好利用，那真的怪不了别人了。

当然无论社会再怎么变化，一些女人的天性还是难以改变的（有些男人也是如此）：喜欢依赖男人，习惯于把生命完整地交付给丈夫孩子和家庭，如同藤儿攀附在树干。一旦大树抽身离去，这些女人的生命和世界便全盘坍塌，只剩下泪水和哀怨。一些女人总是把男人当成全世界，对男人来说女人有时只是世界的一部分。这就是男人和女人之间致命的冲突。

在我们年幼没有能力应对外界挑战的时候，依赖他人的帮助是我们唯一的选择，因为我们身边的亲人有这样的责任。可是有一天你长大了，你是一个独立的人，别人具备的生存能力，你一应俱全，你还要一味地依赖他人吗？

在生活中总能听到有人说：就像一个永远长不大的小孩，总让人

2. 女人跟男人一样，也是独立的人

操心！这就是过度的依赖，严格意义上讲，这是一种心理上的缺陷。

要实现真正的最稳固长久的幸福，从现在开始，你就必须摒弃依赖心，培养并且增强自己的独立性。

"小鸟依人"让男人着迷是因为它的依恋，依恋是亲密与激情的混合体，散发着独具魅力的芬芳。而依赖是一朵艳丽的毒蘑菇，消耗着男人的精力与心情。

当婚姻破碎了，金钱纠纷很容易导致男女双方恶言相向，受害的一方有时就是女性，即使婚姻幸福的女人，也会有单独面对现实人生的时候，因为妇女普遍比男性长寿八到十岁，年轻守寡的事也时有所闻。

在职场中，女性普遍比男性处于劣势，女性收入普遍比男性低，即使同工也不同酬，女性换工作的频率也比男性高，公司裁员多半先裁掉女性员工。

年轻的时候，女人觉得这一天永远不会来临，总是很乐观地认为"船到桥头自然直"。有些女人总是逃避现实，缺乏居安思危的观念，不愿意去想倒霉的事，等到问题发生了才烧香拜佛，祈求上苍眷顾，帮忙降福改运，其实，女人如果尽早学会理财，为没有依赖的日子做好准备，命运完全掌握在自己手中。

有些女性认为理财是男人的事，懒得为此伤脑筋，也有些女性害怕自己太能干，而得不到男人的爱，但现实生活里，看到许多例子，懂得财务规划的夫妇，婚姻比较幸福，会理财的妻子也比较能够得到丈夫的爱。身为父兄或师长，为什么不能趁早指导女性学习理钱观念，如同教育她们举手投足像淑女一样。

一位女性心有戚戚焉地提到可口可乐总裁说过的一句话：我们

每个人都像小丑，手中玩着五个球，这五个球是：工作、健康、家庭、朋友、灵魂；而这五个球只有一个是用橡胶做的，掉下去会弹起来，那就是工作。另外四个球都是用玻璃做的，掉了，就碎了。

女人恋爱结婚之后，虽然深浅不一，但几乎都较为明显地表现出对自己男人的依赖性。这种依赖性的形成，有着多重原因：现实生活中，"男主外，女主内"成为不少家庭奉行的立家原则，这自然培养并强化了"主内"女人对"主外"男人的依赖。不少男人对"贤妻良母"形象的衷心颂扬，特别是对"小鸟依人"之态赞美有加，这实在对女性误导不浅。"小鸟依人"，女人是小鸟，男人才是人，这个意象本身就不平等，不仅助长了女人的依赖性，还贬低了女人的人格。此外，历史的原因也不可忽视。数千年来，女性在社会生活中一直处于从属的地位，古代女子"无才便是德"，在社会上没有丝毫发言权，在家庭中也是"嫁鸡随鸡"，否则一纸休书，不仅使被休的女人羞于人世，也使得其家族蒙辱。这些看似早已缥缈成烟，未必就没有浓缩成遗传密码，在一代代女人的生命中接力传递。当然，女人的依赖性除了社会的原因之外，还有生理的原因。

女人的依赖性，开始大多是以情感上的依恋为起因，逐步弥漫到生活的多重侧面，最终铸成一些女人的从属心理，从而使得其担当的社会角色与家庭角色都失去了应有的光彩，这也使得女人一生所经历的悲剧情节，不仅比男人要多，而且比男人深重。

女人应该自主，女人必须自主，不仅在经济上，也在精神上，这是时代的要求，也是文明的呼唤。只有如此，女人才能逐步摆脱对男人的依赖，才能走向具有实质意义的男女平等，才能不再扮演宏观意义上的悲剧角色。

2. 女人跟男人一样，也是独立的人

女人，为自己而活才是幸福

人在一定程度上要为自己而活。是的，为自己而活，不能一味地为别人而活。我们的幸福是我们亲手创造的，别人的路不一定适合我们，不要盲目崇拜任何人。女人，你同样是上帝的原创，不是任何人的附属品，所以在你有限的时间里，活出自己的人生，这才是幸福的。

有这样一个故事，或许能够让你明白活着的价值。

娜塔莎正在弹钢琴，7岁的儿子走了进来。他听了一会儿说："妈，你弹得不怎么高明吧？"

不错，是不怎么高明。任何认真学琴的人听到她的演奏都会退避三舍，不过娜塔莎并不在乎。多年来，娜塔莎一直这样不高明地弹着，却弹得很高兴。

娜塔莎也喜欢不高明地歌唱和不高明地绘画。从前还自得其乐于不高明的缝纫，后来做久了终于做得不错。娜塔莎在这些方面的能力不强，但她不以为耻。因为她不愿意活在别人的价值观里，她认为自己有一两样事情做得不错。

"啊，你开始织毛衣了。"一位朋友对娜塔莎说，"让我来教你用卷线织法和立体织法来织一件别致的开襟毛衣，织出12只小鹿在襟前跳跃的图案。我给女儿织过这样一件。毛线是我自己染的。"娜塔莎心想，我为什么要找这么多麻烦？做这件事只不过是为了使自己感到快乐，并不是要给别人看以取悦别人的。直到那时为止，娜塔莎看着自己正在编织的黄色围巾每星期加长 5～6 厘米时，还是自得其乐。

从娜塔莎的经历中不难看出，她生活得很幸福，而这种幸福的获得正在于，她做到了不是为了向他人证明自己是优秀的而有意识地去索取别人的认可。改变自己一向坚持的立场去追求别人的认可并不能获得真正的幸福，这样一个简单的道理并非人人都能在内心接受它，并按照这个道理去生活。因为他们总是认为，那种成功者所享受到的幸福就在于他们得到了这个世界大多数人的认可。

其实，获得幸福的最有效方式就是不为别人而活，不让别人的价值观影响自己，就是避免去追逐它，就是不向每个人去要求它。通过和你自己紧紧相连，通过把你积极的自我形象当作你的顾问，通过这些，你就能得到更多的认可。

我们人生的时间有限，所以不要为别人而活。不要被教条所限，不要活在别人的观念里。不要让别人的意见左右自己内心的声音。最重要的是，勇敢地去追随自己的心灵和直觉，只有自己的心灵和直觉才知道你自己的真实想法，除了你的心灵和直觉，其他一切都是次要的。我们无法改变别人的看法，能改变的只有我们自己。想要讨好每个人是愚蠢的，也是没有必要的。与其把精力花在一味地去献媚别人，无时无刻地去顺从别人，还不如把主要精力放在追求自己的幸福上。

2. 女人跟男人一样，也是独立的人

不要为了迎合别人刻意改变你自己

如果可以，谁都希望给所遇到的每一个人都留下良好印象，但是，没有必要为了迎合别人的口味，而放弃自己的理想、原则、追求和个性，否则，将是人生中最大的悲哀。

没有自我的生活是苦不堪言的，没有自我的人生是索然无味的，丧失自我是悲哀的。女人，要想拥有美好的生活，自己必须自强自立，拥有良好的生存能力。没有生存能力又缺乏自信的女人，肯定没有自我。一个女人若失去了自我，就失去了女人的尊严，就不能获得别人的尊重。

有这样一个笑话：一个小贩弄了一大筐新鲜的葡萄在路边叫卖。他喊道："甜葡萄，葡萄不甜不要钱！"可是有一个孕妇刚好要买酸葡萄，结果这个买主就走掉了。小贩一想，忙改口喊道："卖酸葡萄，葡萄不酸不要钱！"可是任凭喊破嗓子，从他身边走过的情侣、学生、老人都不买他的葡萄，还说这人是不是有神经病啊，酸葡萄卖给谁吃啊！再后来，卖葡萄的就开始喊了："卖葡萄来，不酸不甜的葡萄！"

可见，活着应该是为了充实自己，而不是为了迎合别人的旨意。没有自我的女人，总是考虑别人的看法，这是在为别人而活着，所以活得很累。一个人的主见往往代表了一个人的个性，一个为了迎合别人而抹杀自己个性的人，就如同一只电灯泡里面的保险丝被烧断了一样，再也没有发亮的机会。所以女人，无论如何要保持你自己的本色，坚持做你自己。

蜚声世界影坛的意大利著名电影明星索菲亚·罗兰能够成为令世人瞩目的超级影星，是和她对自己价值肯定以及她的自信心分不开的。

为了生存以及对电影事业的热爱，16岁的罗兰来到了罗马，想在这里涉足电影界。没想到，第一次试镜就失败了，所有的摄影师都说她够不上美人标准，都抱怨她的鼻子和臀部。没办法，导演卡洛·庞蒂只好把她叫到办公室，建议她把臀部削减一点儿，把鼻子缩短一点儿。一般情况下，许多演员都对导演言听计从。可是，小小年纪的罗兰却非常有勇气和主见，拒绝了对方的要求。她说："我当然懂得因为我的外型跟已经成名的那些女演员颇有不同，她们都相貌出众，五官端正，而我却不是这样。我的脸毛病太多，但这些毛病加在一起反而会更有魅力呢。如果我们的鼻子上有一个肿块，我会毫不犹豫把它除掉。但是，说我的鼻子太长，那是无道理的，因为我知道，鼻子是脸的主要部分，它使脸具有特点。我喜欢我的鼻子和脸本来的样子。说实在的，我的脸确实与众不同，但是我为什么要长得跟别人一样呢？"

"我要保持我的本色，我什么也不愿改变。"

"我愿意保持我的本来面目。"

正是由于罗兰的坚持，使导演卡洛·庞蒂重新审视，并真正认识了索菲亚·罗兰，开始了解她并且欣赏她。

2. 女人跟男人一样，也是独立的人

罗兰没有对摄影师们的话言听计从，没有为迎合别人而放弃自己的个性，没有因为别人而丧失信心，所以她才得以在银幕上充分展示她那与众不同的美。而且，她的独特外貌和热情、开朗、奔放的气质开始得到人们的认可。后来，她主演的《两妇人》获得巨大成功，并因此而荣获奥斯卡最佳女演员的金像奖。

虚荣是一种欲望，一旦这种欲望得不到理性的控制，就会泛滥。泛滥的结果就会使人忘记了一个深刻的道理：做人切忌盲从，别人觉得好的，未必就适合你。对于任何一个人来说，无论是在工作中还是在生活中，最重要的不是为了迎合别人而改变自己，而是要保持本色，做最好的自己。

一辈子不长，别老想着取悦别人

人的本性趋向于寻求他人的赞美和肯定，尤其对于有威望或有控制力的对象（如父母、老师、上司、名人名流等），他们的赞美肯定更加重要。取悦者会沉迷于取悦行为所换得的肯定，这很好解释，如果某件事让人有了愉悦的体会，那他就可能持续做这件事，以便继续维持这种美好的感觉。

但，我们得到的感觉其实并不美好。

某著名女艺人对于取悦别人与取悦自己有正反两方面的深刻体

会。她说："过去我总是不遗余力地想使自己符合男人的标准，'我够好吧？'成为口头禅，但常常感到被轻视。现在我会说：'这就是我！'却得到前所未有的尊重。自尊，才是最具魅力的品质。"

为了取悦别人而活着，最终必然丧失真正的自己。只有先取悦自己，做最好的自己，然后才能得到他人的喜欢和尊敬。

一位女诗人，写了不少的诗，也有了一定的名气，可是，她还有相当一部分诗却没有发表出来，也无人欣赏。为此，女诗人很苦恼。

女诗人有位朋友，是位哲学家。这天，女诗人向哲学家说了自己的苦恼。哲学家笑了，指着窗外一株茂盛的植物说："你看，那是什么花？"女诗人看了一眼植物说："夜来香。"哲学家说："对，这夜来香只在夜晚开放，所以大家才叫它夜来香。那你知道，夜来香为什么不在白天开花，而在夜晚开花呢？"女诗人看了看哲学家，摇了摇头。

哲学家笑着说："夜晚开花，并无人注意，它开花，只为了取悦自己！"女诗人吃了一惊："取悦自己？"哲学家笑道："白天开放的花，都是为了引人注目，得到他人的赞赏。而这夜来香，在无人欣赏的情况下，依然开放自己，芳香自己，它只是为了让自己快乐。一个人，难道还不如一种植物？"

哲学家看了看女诗人又说："许多人，总是把自己快乐的钥匙交给别人，自己所做的一切，都是在做给别人看，让别人来赞赏，仿佛只有这样才能快乐起来。其实，许多时候，我们应该为自己做事。"女诗人笑了，说："我懂了。一个人，不是活给别人看的，而是为自己而活，要做一个有意义的自己。"

2. 女人跟男人一样，也是独立的人

哲学家笑着点了点头，又说："一个人，只有取悦自己，才能不放弃自己；只有取悦了自己，才能提升了自己；只有取悦了自己，才能影响他人。要知道，夜来香夜晚开放，可我们许多人，却都是枕着它的芳香入梦的啊。"

人，如果总是忙着取悦别人，为别人的期望而生活，就会忽视自己的生活，忽视自己到底喜欢什么、到底想要什么、到底需要什么。最后经忽视了自己的存在。可是，你拥有自己的人生，这是你的一项权利，你为什么要放弃？你对自我的放弃，能换来的其实只是更多的蔑视和鄙夷。

所以，女人，别老想着取悦别人。只有取悦自己，才能令你更有价值。一辈子不长，记住：对自己好点。

所有外来的赐予必然日渐远离

一阵大风吹过，叶子脱离了树枝，飞向了天空。

"我会飞了！我会飞了！"叶子兴奋地大声叫嚷，"我可以飞上天了！"

叶子张扬地盘旋着，旋过一棵棵树，俯视着栖息在电线上的鸟儿。

"哈哈，我飞得比你们高。"叶子忘乎所以。

然而风突然停了，叶子失去了托力，逐渐坠落，最后落在一个小泥坑中，随即被过路的车轮碾过，粉身碎骨。

一只鸟感慨地对它的孩子说："看到了吧，如果不依靠自己的力量，风既可以把你吹上天，也可以让你落进烂泥潭，要飞翔，就必须依靠自己的力量。"

是的，要飞翔，就必须依靠自己的力量。人是社会的，更是自己的。也没有权利要求别人一定要为自己做什么、奉献什么。实际上求人不如求己，爱人也好，父母兄弟也好，亲戚朋友也罢，虽说是我们生活中最亲近的人，但并不是我们生活的完全寄托者，脚下的路还得自己走，再多的苦也应该自己扛，谁也替代不了，谁也无法代替你去感受。

女人要明白，这个世界上没有谁是你真正的靠山，你正真可以依靠的只能是你自己，所以当人生遭逢苦难之时，不要一心只想着去找"救命稻草"，不妨静下心来问问自己："我能做什么，我会因此而得到什么？"你的未来，还需要你自己去努力。

有个女学生，以非常优秀的成绩考入加拿大一所著名学府。初来乍到，她因为人地两疏，再加上沟通存在一定障碍，饮食又不习惯等原因，思乡之情越发浓重，没过多久就病倒了。为了治病，她几乎花光了父母给自己寄来的钱，生活渐渐陷入困境。

病好以后，女学生来到当地一家中国餐馆打工，老板答应给她每小时10加元的报酬。但是，还没干到一个星期她就受不了了，在国内，她可从来没做过这么"辛苦"的工作，她扛不住了，于是辞了工作。就这样，她不时依靠父母的帮助，勉勉强强坚持了一个学期，此时她身上的钱已经所剩无几。所以刚一放假，她便向校方申

2. 女人跟男人一样，也是独立的人

请退学，急忙赶回了家乡。

当她走出机场以后，远远便看到前来接机的父亲。一时间，她的心中满是浓浓的亲情，或许还有些委屈、抱怨——她可从来没吃过这么多的苦。父亲看到她也很高兴，张开双臂准备拥抱许久不见的女儿。可是，就在父女即将拥在一起的刹那，父亲突然一个后撤步，女儿顿时扑了个空，一个不稳摔在地上。她坐在地上抬头望着父亲，心中充满了迷惑和委屈——难道父亲因为自己退学的事动了真怒？她伸出手，想让父亲将自己拉起来，而父亲却无动于衷，只是语重心长地说道："孩子你要记住，跌倒了就要自己爬起来，这个世界上没有任何一个人会是你永远的依靠。你如果想要生存，想要比别人活得更好，只能靠自己站起来！"

听完父亲的话，她心中充满惭愧，她站起来，抖了抖身上的灰尘，接过父亲递给自己的那张返程机票。

她不远万里匆匆赶回家乡，想重温一下久违的亲情，却连家门都没有踏入便返回了学校。从这以后，她发奋努力，无论遇到多少困难、无论跌倒多少次，都咬着牙挺了过来。她一直记着父亲的那句话——"没有任何一个人是你永远的依靠，跌到了就要自己爬起来！"

一年以后，她拿到了学校的最高奖学金，而且还在一本具有国际影响力的刊物上发表了数篇论文。

女人们，别以为靠自己的力量不能将生命张扬，人生路上没有什么是不可阻挡的。别把太多的希望寄托在别人身上，没有人会永远保护你，父母终究会老去，朋友都会有自己的生活，爱人也未必会一辈子不离不弃，所有外来的赐予必然日渐远离，所以我们要学

着给自己温暖和力量，遇到困难不要灰心、不要抑郁，越是孤单越要坚强，生命的负重还要自己来托起。

女人，你要懂得，没有人替你勇敢，没有人可以一辈子为你而活，所以要自己学会坚强。

女人，不要想着做男人的附属品

时下，女人们常说："干得好不如嫁得好。"那么，嫁得好真的就好吗？不尽然。

首先，"嫁得好"需要一种运气。我们不妨仔细看看身边的姐妹，几乎每个人都高喊着"我要嫁个有钱人"，但真正有钱的又有几人？更何况，有钱的公子身边一定不乏美女追随，你有信心击败众多情敌脱颖而出吗？

退一步说，即便你幸运地钓到了一个"金龟婿"，但又能保证他不是一个追逐风花雪月的"花花公子"吗？毕竟在这个金钱至上的时代，已经没有几人再去恪守"富贵不能淫"的信条了。

好吧，就算你嫁了一个既有财又不风流的男人，那你就一定会幸福吗？将全部希望寄托在男人身上，依附在男人的恩赐下、过着仰人鼻息的生活，自己的喜怒哀乐要看别人的脸色，你真的就会觉得快乐吗？

2. 女人跟男人一样，也是独立的人

我们不妨睁眼看看，这个世界上有多少女人为了家庭放弃了自己的事业，最终又被家庭所遗弃呢？她们牺牲事业，为了丈夫、为了孩子不断地付出，最后迎来的却是丈夫的背叛！当她们想重拾自己的事业时，却发现自己已经跟不上时代的脚步，完全与社会脱节了，这难道不是一种悲哀？

所以说，女人一定要"进得厨房，出得厅堂"，不但要照顾好家庭，更要顾全自己的事业。即便你的丈夫能够为你提供优越的生活条件，但你同样要学会独立。因为，独立才能让你找到自我，独立才能让你实现自己的价值，而不是作为男人的附属品，仰人鼻息。因为，独立的女人才能找到自信，才能让你在爱情的两端收放自如。

如果你做不到这一点，那么你就会像下面这位姐妹一样陷入彷徨。

莉莉未嫁人之前是个小白领，日子过得逍遥自在、无拘无束，闲暇时与朋友泡泡吧、逛逛街，活得非常滋润。

结婚以后，莉莉遵照老公的吩咐，辞去工作，当起了全职太太。渐渐地，朋友疏远了，交际变少了，有时做完家务，莉莉一个人站在阳台上，望着不远处繁华的街道，心中竟会升腾起一阵阵莫名的空虚。

后来，老公以"资金周转不灵"为由，削减了莉莉的生活费用，每个月只给她4000元的家用，当然，这其中还包括物业费、水电费、煤气费等一切家庭支出。有时，甚至与老公一同外出就餐，都要她掏腰包埋单。

我们可以想象一下，区区4000块，还要打理家中的一切。莉莉自己还能剩下什么？有时，因为钱不够用，她节衣缩食，连以前常

常光顾的"必胜客"都不敢再去。但是，纵然如此，她也不曾向老公张口。在她看来，自己没有能力养这个家，需要依附老公的"关爱"过日子，所以不能再给老公添麻烦，她甚至觉得再伸手向老公要钱，是一件非常丢脸的事情。

再后来，老公在外面有了别的女人。她不敢与老公争执，她怕失去这份赖以生存的"关爱"，于是她跑去找那个女人，央求她放过自己的老公，女人良心发现，应允了。可是没过多久，老公又采摘到了新的"野花"。对此，她伤心透顶，但又无可奈何："如果他不要我，我该怎么活呢？"于是她选择了忍气吞声，但这样的日子要到何年何月才到头呢？

女人，若是彻底放下事业，专心为男人做保姆、生儿育女、打理家务，就会逐渐使自己的思维变得狭窄，继而完全丧失自我。更可气的是，对于我们这样的付出，很多时候男人并不领情。他们总是在用极端挑剔的目光审视着自己的老婆，他们简直希望自己的女人是完美的化身：貌若西子，贤如孟光，才比易安。倘若有一点不及己意，他便会思绪翻飞——瞧，那个女人多好。

所以说，倘若哪个女人只想着依附男人生活，那么她势必会输得很惨，活得毫无尊严，又遑论幸福美满？

女人，需要有自己的事业，有自己的朋友、自己的交际圈，这样才能与社会紧紧挂钩，才不会在惨遭遗弃之时茫然不知所措，才有资本与男人"叫板"，才能使自己变得更加雅致。

每一个女人都有必要认清这一点——维持婚姻的平衡，其首要条件就是夫妻双方人格上的平等。这种平等取决于什么？取决于我们的自强、自立。女人不是弱者，女人应该让男人知道：离开他们，

2. 女人跟男人一样，也是独立的人

我们一样可以活得很好！女人，要为自己而活，绝不要做一个完全依附男人的附属品。

不要把选择权都交给男人

现代女性的独立性决定了女人不能没有主见，没有主见就无法独立。我们要独立自主，而自主指的就是自我主见的能力。

有些女人，遇事经常无主见、犹豫不决。比如每买一件东西，简直要跑遍城中所有出售那种货物的店铺，要从这个柜台跑到那个柜台，从这个店铺跑到那个店铺，要把买的东西放在柜台上，反复审视、比较，但仍然不知道到底要买哪一件。她自己不能决定究竟哪一件货物才能中意。如果要买一顶帽子，就要把店铺中所有的帽子都试戴一遍，并且要把售货小姐问烦为止，结果还是像下山的猴子，两手空空。

世间最可怜的，就是像这些挑选货物的女人这样遇事举棋不定、犹豫不决、彷徨徘徊、不知所措、没有主见、不能抉择、唯人言是的人。这种主意不定、自信不坚的人，很难具备独立性。

有些女人甚至不敢决定任何事情，因为她们不能确定结果究竟是好是坏、是吉是凶。她们害怕，今天这样决定，或许明天就会发现因为这个决定的错误而后悔莫及。对于自己完全没有自信，尤其在比较重要的事件面前，她们更加不敢决断。有些人本领很强，人格很好，但是因为这些毛病，她们终究没有独立，只能作为别人的附属品。

有些女人敢于决断，即使有错误也不害怕。她们在事业上的行进总要比那些不敢冒险的人快捷得多。站在河岸边犹豫不决的人，永远不会到达彼岸。

当女性发现自己有优柔寡断的倾向时，应该立刻奋起改掉这种习惯，因为它足以使自己失去许多机会。每一件事应当在今天决定，不要留待明天，应该常常练习着去做出果断而坚毅的决定，事情无论大小，都不应该犹豫。

个性不坚定，对于一个人的品格是致命的打击。这种人不会是有毅力的人。这种弱点，可以破坏一个人的自信，可以破坏判断能力。做每一件事，都应该成竹在胸，这样就会做事果断，别人的批评意见及种种外界的侵袭就不会轻易改变自己的决定。

敏捷、坚毅、果断代表了处理事情的能力，如果自己一生没有这种能力，那一生将如海中漂浮的一叶孤舟，生命之舟将永远漂泊，永远不能靠岸，并且时时刻刻都处在暴风猛浪的袭击中！

有主见，就是有自信。有自信，肯定有主见。只有这样，才能使自己不断独立自主，才能使自己自力更生。

现代女性要有主见，才不会迷失自己，如果任何事情都要男人做选择，没有自己的观点，只会让他离你更远。女人要有头脑、有思想、有自己的人生规划，不要把你的权利交付给别人。

女人放弃自我就会一无所有。

有个女孩如此抱怨道：我很爱我的男朋友，为了他我愿意放弃

2. 女人跟男人一样，也是独立的人

任何东西，他喜欢的我会去做，他不喜欢的我就不去做。我对他简直是好得不能再好，可他还不是很爱我。我也觉得这样太没自我了，可是我真的无法想象我离开他的日子，我觉得我会死的，总想有一天他也会很爱我的。

在古代，婚姻是女人一生的赌博，她们将全部的希望寄托在丈夫有出息上，盼望着有朝一日"夫贵妻也荣"。即使在妇女独立的今天，不少女性仍然愿意将全部的爱与幸福寄托在丈夫身上，但换来的往往是失望。帮助男人成功并没有错，错就错在放弃了完善自我。没有一个良好的自我，只靠男人活着，永远是女人的悲哀。只有不断完善自我，与丈夫比翼齐飞，一同进步，一同成功，才会有良好的心态与丈夫相处。女人只有不断地完善自我，才能把握自己，实现自我，并受到他人的承认和尊重。

当女人为婚姻完全放弃自我时，她就放弃了得到认可和尊重的权利。经营婚姻和爱情，就像手握的沙子，握得越牢，越容易流失。女人把自己的未来寄托在别人身上，舍弃了自尊、自爱，失去了自我价值，幸福生活就没有保障。

女人的天空原本是明丽湛蓝的，不应该生活在泪雨纷飞和愤怒失衡的心态下；更不能放弃自尊，放弃了自尊的女人就等于自掘坟墓！不要为男人而活，要为自己而活，要活出价值来，活出被别人需要的自豪感！全国妇联把自尊、自信、自立、自强作为新女性的标准，实质就是号召女人在不断地自我完善中发展自己，追求幸福。"四自"精神不仅是女人实现自我价值的需要，也是收获美满婚姻的法宝。所以，不断完善自我应是女人一生的功课！

对于很多女人来说，一旦遇到了某个心仪的男人，她往往会在

生活中某些相对次要的事情上做出让步，时间一长，就迷失了自我。所以，女人还是要有自己的思想和生活空间，坚持自我，这样你才不至于陷入别人的人生。

做出适合自己并让自己快乐的人生选择

有人把职业当成事业，有人却把职业仅仅当成一种谋生的手段。如果说，初出校门时我们为了生存去从事自己并不感兴趣的职业，那么现在，不论是从能力上还是财力上，我们都有资本去选择一条属于自己的发展之路，在自己感兴趣的行业里尽情地施展自己的才华。所以女人，去选择自己感兴趣的职业吧！只有这样人生才会完美，你才不会在自己老去以后留有遗憾。

初出校门时候，我们刚刚走入社会，很多人都经历过拿着简历四处奔走的往事，那时是别人挑我们的时候。为了生存，很多时候我们不得不从事自己并不感兴趣的职业，用那有限的工资解决自己的温饱问题。时光就这样一天天流逝，我们在社会里为自己打拼着，也忍受着不少挫折的磨砺，不知不觉就走到了今天。今天的我们，办信用卡不再只是单纯地为了利用透支周转自己的资金；今天的我们，或许已经有了独当一面的才华和能力；今天的我们，再也不会因为自己买不起一件衣服而烦恼；今天的我们，已经学会了沉着冷

2. 女人跟男人一样，也是独立的人

静地去应对工作和生活中的各种问题和困难。总而言之，今天的我们早已经脱离了当初稚嫩，已经很明白自己活在这个世界上最需要的是什么，那就是做自己想做的事，从事自己感兴趣的职业。

现在，你选择好自己感兴趣的职业了吗？不要小看这个问题，这很可能是一个改变人生的大问题。有些人尽管对自己现在所处的环境很不满意，也不会有魄力迈出那富有历史意义的一步。其实，我们每个人从生下来就带有自己与众不同的特质，这些特质在无形中已经为我们规划了自己适合的行业。然而，为什么有些人一辈子碌碌无为，有些人却能够成就自己一片精彩的天空呢？答案就在于有些人入对了门，从事了自己喜欢的行业，而有些人却从头到尾根本就不知道自己适合做什么。实验证明，一个人只有从事他自己感兴趣的行业时，才更容易做出成绩，因为他总是能从中收获快乐。成熟的女人，正是做事业的大好时光，你究竟希望把自己的这段光阴花在自己不喜欢的事情上，还是花在喜欢的事情上呢？想必大家都不会是傻瓜。做自己喜欢的职业，不但可以让自己有所成就，更重要的是能够带给我们心情的舒畅和一种自我满足的感觉。这种感觉能够支持我们更好地走好人生接下来的路，把自己的生活经营得更舒心、更快乐。

陈艳南是个活泼开朗的女孩，喜爱唱歌跳舞，中专学的是幼师专业，但是她毕业后，父母却托人把她安排到了一个机关工作。

这份工作在外人看来是不错的，收入高，福利也很好。但陈艳南觉得机关的工作枯燥乏味，整天闷在办公室里，简直快把人憋疯了，她每天都迫不及待地要回家。可是回到家心情也不好，看见什么都烦，本来想着自己的男友会安慰安慰自己，可是偏偏男友又是

个不善言辞的人,向他诉苦,他最多说:"父母给你找这么一份好工作不容易,还是先干着吧。"

　　陈艳南很郁闷,工作没多久,她的性格就变了,整日郁郁寡欢。就这样一年又一年,陈艳南越来越无法接受自己工作的现状。终于,她再也无法忍受办公室工作给她带来的痛苦,和自己的父母大吵一架后辞职了。

　　休息一个月后,陈艳南开始思考自己应该干些什么,于是她用自己多年的积蓄开始了她组建幼儿园的梦想。尽管中间有很多的困难,但是陈艳南却乐此不疲,最终,陈艳南的幼儿园如愿以偿地开业了,她自己成了幼儿园的园长。虽然在父母看来做幼儿教师很没前途,但是陈艳南却非常喜欢自己的这份工作,也非常喜欢和孩子们打交道。只要和孩子们在一起,她活泼快乐的天性就显现了出来。她又恢复了往日的自信和快乐,将自己的幼儿园办得有声有色,最终,她的父母也因此而认可了她。

　　一个人只有在做自己感兴趣的事情的时候才会全心投入。一个女人,拥有可观的收入和较高的社会地位固然很好,但是如果这一切给了你很大的压力,而且让你对自己的人生开始迷茫,那么这份职业不要又有什么关系呢?我们的人生不能只为了满足自己的那么一点点虚荣心活着,相反我们要找到自己真正喜欢的、擅长的工作,然后努力地坚持下去。

　　成熟独立的女人,应该在人生的关键时期,做出自己的选择。你究竟是愿意守着别人的仰慕而过着自己并不快乐的生活,还是从现在开始,放下一切,去追求自己心中一直向往的职业呢?哪怕它一开始的报酬并不是很高,哪怕它在别人眼中只是一个很一般的工

2. 女人跟男人一样，也是独立的人

作，但是只要你喜欢，它就是有意义的。一份自己不喜欢的工作无异于一个沉重的包袱，它非但不能让你进步，还会让你失去快乐，并且疲惫不堪。选择一份自己真正感兴趣的职业，工作起来才能精力充沛。同时，一份合适的职业还会在各方面发挥你的才能。

所以，从现在开始，丢掉你脑海中那个成功职业女性的形象吧，只要你现在能够成功地做出自己职业方向的选择，哪怕你已过了二十几岁的花季，同样可以实现自己心中的梦想。其实，人生最重要的是快乐，一份自己喜欢的工作会给你带来更多的快乐，给你带来一天的好心情。与其相比，金钱、地位都不重要，因为这个世界上没有人愿意将自己的快乐与其他东西进行交换。

去职场上充分展示你的风采

入夜，推开窗，纱帘漫卷，让凉风拂面而来，窗外，浩瀚的星空掩映着城市错落的楼群。白天的喧嚣去了，一如此刻退尽铅华后的女人，如潮的往事早已沉淀于心灵深处。皱纹悄悄爬上眼角却难掩嘴边眼角那一抹睿智而沉稳的笑意。

一袭暗金色的镶了皮草的斜襟中式上衣，别致张扬的牛仔裤，依附在那苗条高挑的身材上；起身、微笑，体态与表情中所传达的都是一种逼人的魅力；让人觉得这个世界上的人都是那么平常、普通。这就是张天爱。已过不惑之年的她，对于自己的过去，有一套自己的理论：年龄减法，魅力加法，活在这个理论中，心态永远不会老，老的只是容颜。

她说："20岁的时候，我的美是一种很表面的单方面的美，青春美就是青春美，很短暂，也没有更多的内容。"相比20岁的时候，她说她更喜欢现在的样子，虽然容貌变老了，脸上也多了些许皱纹，可是内在的东西也都随着年龄的增加而显露出来了。

"20岁的时候，我的脑子和身体没有连接起来，形体漂亮，就只有形体漂亮了，脑子却在做别的。就像我的十个指头，可我只会动其中几个，而不会完全使用十个指头。所以我以前不太敢展示女人味，因为总觉得自己的基础还不够，虽然我也认为我有这个天赋，但就是发挥不出来。现在……"她笑了笑，带着自信，"我现在像个真的女人了，内在、外在的魅力只要有机会，我就使劲地把它们全都释放出来。我觉得现在的我很有味道，有一种自然的性感。"

我们常常说某某人很有"女人味"，在这里，女人味指的是女人身上的一种气息，它所代表的不仅仅是成熟、温柔、善良、爱心、智慧，还有魅力和性感等等。是岁月沉淀后的美，是女人内在品质的外在表现，女人味不是一种特质，也不是一个单词，它更像一种无形的力量，传达出女人的气息。简言之，女人的味道就是女人的神韵和风采。没味道的女人即使再漂亮，只要一开口就会暴露出贫瘠的内心和空荡荡的精神。只有经过岁月淘洗后的女人才味道十足，惹人眷恋不已。

一提到职场，所有古板的规则就浮现在人们的脑海中。似乎女人一踏入职场，就应该把性别差异一脚踢开。似乎在职场里凸显女

2. 女人跟男人一样，也是独立的人

人味，是一种懦弱的表现，其实，在职场有女人味的女士更容易成功、更容易取得成就。

很多女人都十分羡慕安娜莉瑟，因为她嫁了个好老公布洛斯特。布洛斯特不仅给了她爱情，还给了她令其他女人们艳羡至极的巨额财富。

当初，艾利希·布洛斯特还只是一个平常至极的男人，他的那张《西德意志报》不过刚刚创刊，前途未卜。他追过好几个美女，但女人们都嫌他不够富裕而拒绝了他，直到布洛斯特遇到了安娜莉瑟。自安娜莉瑟见了布洛斯特的第一眼，就认定这是一场美丽爱情的开始。虽然他几乎一无所有，但他的豪情壮志使他周身都充满了男人的魅力。

安娜莉瑟很自然地接受了为布洛斯特做女秘书的请求。她的女友劝她说："小心点。再好的女人，若遇到一个糟糕透顶的男人，这一生也就玩完了。为什么不选一个生活有保障一点的呢？"

安娜莉瑟拒绝了女友的好意。在和布洛斯特并肩创业的艰苦日子里，她尽量不去设想那些华丽的服饰、精致的美食和光芒四射的宝石。遇到烦心事时，她总能迅速调整好自己的心态，让自己的目光定格在身边一些美丽的事物上，比如鲜艳的花朵、蔚蓝的天空、朦胧的月光等，然后，做几次深呼吸，尽力让自己保持冷静。总之，她的心情、目光始终保持在最佳状态。

出人意料的是，《西德意志报》发展非常迅速，布洛斯特的经济状况也很快得到了改观。美女们蜂拥而至，围聚在他的身边。但一向喜欢美女的布洛斯特已非昔时了，他的心已经有了归属——安娜莉瑟的谈吐言行沉静、稳重而不俗，她身上似乎天生就散发着高雅、

温柔如水的气质，无论是她的笑容还是平时的姿态都是如此。

布洛斯特最终与安娜莉瑟结成了伉俪。当女友们向安娜莉瑟取经时，她只是说了一句话："女人讲究的是阴柔之美，没有温柔婉约，就不能算是一个好女人。"

温柔能扮靓女人的绝世容颜。柔美的嗓音、柔美的身段、柔美的心灵、柔美的性情，它们有机地结合在一起，就构成了女人的一种无坚不摧的大美，一种强大无比的力量。

女人并不是天生的感性动物，她们完全可以像男人一样理智。一个能恰到好处展示自己威严的女人，会让人觉得既亲近又不可侵犯。她们善于在众人面前喜怒不形于色，摆出能驾驭所有人的气概。这样的女人既有女人的独特魅力，又有男人游走于职场的气概，事业的成功近在眼前。

3.
梦想还是要有的，会有实现的那一天

女人要有自己的梦想，并孜孜不倦、乐此不疲地去追求，偶尔有个小小的成就让自己惊喜，无论他人认为你的梦想是多么荒谬，但它总是你平淡生活的精神支柱。

女人，不要放弃自己的梦想

都说女人天生爱做梦，的确，有哪个女人没有为自己编织过美丽的梦境呢？然而，大多数女人的梦境却又总是被时间、被柴米油盐冲刷得支离破碎。

女人啊！应该时时记住提醒自己，你不是管家，更不是保姆，不要为了任何人而丢掉自己。常言说："二十岁以前的生活是父母给的，二十岁以后的生活才是自己努力得来的。"如果父母没有给我们一张天使般漂亮的面孔，也没给我们一个魔鬼般妖娆的身材，更没给我们万贯的家财，他们只给了我们一个很平常的生命，那么，我们怎样能把这个生命填充成一道越来越美丽的风景呢？那就看你自己怎样努力了。这就是为什么有的女人未老先衰，而有的女人年纪越大，却越是光芒四射。

女人啊，当你把自己锁在琐碎的小事中，自己已经感觉不到快乐时，怎么可能带给家人快乐？女人不能没有梦想，没有梦想的女人就像是一颗放入口袋的钻石，隐去了光芒。

一位女作家曾经讲过她的一段经历。在她出书之前，曾遇到一个在外企做管理的成熟稳重的男人。那个时候，她发表在博客上的文章已经开始受到网友的追捧，不少出版社开始找她商谈出书事宜。

3. 梦想还是要有的，会有实现的那一天

当时这个男人却对她说："我不希望我的女朋友那么高调，不希望你抛头露面去当什么作家，女孩子就要好好地上班，要不就在家乖乖地做家庭主妇。"

当时她好失望、好矛盾。如果辞掉工作走作家这条路，就可能失去他。一边是梦想，一边是爱情。该选择谁？她很犹豫。后来她拒绝了出版社的编辑。自那次之后，她一度怀疑自己不适合当作家，变得不开心。后来她突然意识到，如果放弃这个机会，那么作家梦就会被永远地搁置，或许人生就再也没有这样的机会了。于是，她抓起包就往电梯口跑去……

男人知道她选择了当作家之后，只跟她说了一句话："你很自私。"然后就消失了。女作家说，她一点都不后悔当初的选择。经过这次后才发现，女人不要轻易为了男人放弃自己的工作和梦想，一旦放弃后就会什么都没有了。到那时候，会悔之晚矣。

女人应该有自己的追求和梦想，要有自己的天地和魅力。不要在物质享受中迷失自己，也不要在柴米油盐中失去自我。

拥有梦想的女人，就是一只拥有矫健翅膀的鸿雁，可以自由翱翔；拥有梦想的女人，就像一叶逍遥的轻舟，可以乘风破浪；拥有梦想的女人，就如一朵能在四季绽放的鲜花，永远娇艳动人。梦想经过女人天性浪漫的大脑，可以为灰色的现实点缀上一抹绚丽的粉红。

知道自己想要什么，才可以活得精彩优雅

女人经过了一些岁月的历练之后，像是攀登到了又一座高峰。回首昨日走过来的路，或许有过坎坷不平，或许有过鼻青脸肿的磕碰，或许有过较多的失望。回顾这些经历，只有站在高峰上才能看得到，想得透。一般来说，女人大多在懂得感慨的同时更懂得理智，她们在成熟中，能散发出独特的芬芳，闪耀出独有的光芒，并且在芬芳和光芒的背后，蕴涵着瑰丽的思想。

在生活中，并不是所有的女人都如此。也有不少女人，她们没有自己的目标，没有自己的方向，不懂得构建自己的心灵框架，这是必须改变的。只有明确知道自己曾去过何处，今后又要去往何方，生命才有意义。

有这样一种说法：生活质量和品质提升的前提是知道自己想要什么。初听上去，这似乎是很世故的套话，没有表达什么实质性的内涵。事实上，在人的内心深处，的确需要一些目标和框架。

对于女人来说，这一点很重要。不管是已婚还是未婚，都应该知道自己要的是什么，只有这样，才能得到自己想要的收获，人生才更幸福或者更能活出自我。

作为一个女人，你又有怎样的想法呢？你能清楚地知道自己现

3. 梦想还是要有的，会有实现的那一天

在想要的是什么吗？如果清楚，那么恭喜你，你最终会得到你想要的收获；如果你还在浑浑噩噩地混日子，那么，你只能得到岁月流逝的痕迹。

说到这里，忽然想起了这样一段文字："守一颗心，别像守一只猫。它冷了，来依偎你；它饿了，来叫你；它痒了，来摩你；它厌了，便偷偷地走掉。守着一颗心，多希望它像只狗。不是你守着它，而是它守着你。"原文是说爱情的，但是它可以扩展到所有的事情上。

在我们周围，太多太多的人是生活的被动者，每天疲于奔命，像一只没头苍蝇一样乱撞，或者把自己扮演成了一个消防队员，急着忙着去扑救生活的火灾。每一天都在毫无目的的庸庸碌碌中度过，然后，百般懊恼，埋怨命运不公。就像印度诗人泰戈尔所说的"当你为错过太阳而流泪的时候，你已经错过群星了"。要知道，生活就是一面镜子，你如何对待生活，生活也如何对待你。没有明确目标的人，真是连祈祷都无门。神都会说："你自己都不知道自己要什么，我又怎能给你想要的生活？"

要知道，没有明确的目标，你就永远无法到达终点。无论何时何地，都要明确自己的目标。多少人每天忙忙碌碌埋头苦干，被工作和生活压力所迫，渐渐地淡忘了梦想，你的目标开始模糊，或定位不清，或目标不明，不知该往何处去。

每一天，我们都会遇到一些对自己的人生和周围的世界不满意的人。你可知道，在这些对自己处境不满意的人中，有98%的人对心目中喜欢的世界没有一幅清晰的图画，他们没有改善生活的目标，甚至没有一个人生目标来鞭策自己。结果就是，他们继续生活在一

个他们无意改变的世界里。

每年年底的时候，公司总是会要求员工对一年的工作做出总结，对新一年的工作做出规划。尽管这像是例行公事，但事实上，回顾自己这一年来的工作，为新年的工作做个计划是很有必要的。当你为去年一年的收获而欣喜时，你必须问自己：新的一年我准备做什么？有什么新的计划？这一年里我要完成什么样的目标？有了新的目标，你就像在茫茫大海中航行的小船看到了前方照明的灯塔，始终能够瞄准目标，加快速度，全力前行。

如果有机会的话，找一个安静的、不被打扰的地方，与自己的心灵对话，列一个清单，把那些你真正的想法具体表述出来，越详细越好。或许你会惊讶，原来，那些名牌的时装并不是你真正想要的东西，放下所有的包袱去九寨沟或者巴黎才是你的短期目标。

定下目标之后，目标就在两个方面起作用：它是努力的依据，也是对自己的鞭策。目标给了你一个看得着的射击的靶子。随着你努力实现这些目标，你就会有成就感。对许多人来说制定和实现目标就像一场比赛，随着时间推移，你实现了一个又一个目标，这时，你的思维方式和工作方法又会渐渐改变。

这点很重要。你的目标必须是具体的、可以实现的。如果计划不具体，会降低你的积极性。为什么？因为向目标迈进是动力的源泉，如果你不知道自己向目标前进了多少，你就会泄气，甩手不干了。

让我们来看一个真实的例子，一个人若看不到自己的目标会有怎样的结果。

1952年7月4日清晨，加利福尼亚海岸笼罩在浓雾中。在海岸

3. 梦想还是要有的，会有实现的那一天

以西 21 英里的卡塔林纳岛上，一个 34 岁的女人涉水下到太平洋中，开始向加州海岸游过去。要是成功了，她就是第一个游过这个海峡的女人，这女人名叫费罗伦丝·查德威克。在此之前她是从英法两边海岸游过英吉利海峡的第一个女人。

那天早晨，海水冻得她身体发麻，雾大得连护送她的船都几乎看不到了。时间一个钟头一个钟头地过去，千千万万人在电视上看着。有几次，鲨鱼靠近了她。被人开枪吓跑。她仍然在游。她的最大问题不是疲劳，而是冰冷刺骨的海水。

15 个钟头之后，她又累又冻浑身发麻。她知道自己不能再游了，就叫人拉她上船。她的母亲和教练在另一条船上，他们都告诉她海岸很近了，叫她不要放弃。但她朝加州海岸望去，除了浓雾什么也看不到。几十分钟之后——从她出发算起的第 15 个钟头零 55 分钟之后，人们把她拉上船。又过了几个钟头，她渐渐觉得暖和多了，这时却开始感到失败的打击，她不假思索地对记者说："说实在的，我不是为自己找借口，如果当时我看见陆地也许我能坚持下来。"人们拉她上船的地点，离加州海岸只有半英里！后来她说，令她半途而废的不是疲劳，也不是寒冷，而是因为她在浓雾中看不到目标。查德威克小姐一生中就只有这一次没有坚持到底。两个月之后她成功地游过了同一个海峡。

查德威克虽然是个游泳好手，但也需要看见目标，才能鼓足干劲完成她有能力完成的任务。当你规划自己的人生时千万别低估了制定可测目标的重要性。

还有非常重要的一点：有品位的女人总是事前决断，而不是事后补救；有品位的女人未雨绸缪、提前谋划，而不是等别人的指

67

示；有品位的女人不允许其他人操纵自己的生活进程，因为她们知道，不事前谋划的人是不会有进展的。有品位的女人会举出诺亚为例——他可没有等到下雨了才开始造他的方舟。

鞋子合不合适只有脚知道，工作合不合适只有心知道。以自己的心和职业激情为依据选择工作，以便让自己保持对工作的持续热爱，这虽然是一种理想，但我们都有机会尽量靠近它。靠近的条件不仅要有明确的职业目标，还要懂得放弃不符合职业目标的利益，并培养放弃的勇气和能力。面对选择时，我们要坚持做自己最想做的事，而不被眼前利益所左右。即使一时不知道自己要的是什么，也别要那些明知自己并不真正想要的好东西，免得受其牵累。

作为现代女性，不应该仅仅只是能够从容面对生活，更要能够倾听自己的内心，创造自己想要的生活。对于一个女人来说，自知是她的源泉。自知的基础是有主张、有认识，知道自己是做什么的，知道自己想要什么、能要什么。无论自己有什么想法，只要能被轻易左右的都是没价值的，能被轻易打乱的都是不够坚定的。有了生活目标、事业追求以后，相信自己一定能行，相信自己能够达到自己想要的那个状态。自知衍生从容，从容导致坚定，坚定决定成就，成就成全安详，女人要知道自己究竟想要什么，才可以活得精彩、活得优雅。

3. 梦想还是要有的，会有实现的那一天

你的价值应该是"不可替代"

女人，相对于男人而言，在职场中本就处于弱势。然而，随着社会的发展，职场又对人们提出了更高要求，它要求每一名职场员工，都必须具备良好的道德、忠诚度、专业技能……即，必须在综合素质方面表现突出。倘若你无法做到，很遗憾，你的职业发展必然会遭遇桎梏，你永远也不会成功！

我们当然不能轻易输给男人，不能被他们轻易看扁。可问题是，我们要怎样才能在男强女弱的职场上脱颖而出呢？其实不难，只要你能够承担起自己的职责，在工作中积极进取，恪守职业道德，你就会成为一名不可替代的人才，就会令老板割舍不下，你的价值、薪金、职位、团队影响力等等，都会随之得到大幅提升。如此一来，你必然能够更快捷地实现自己的人生目标。

微软总裁比尔·盖茨的第一任女秘书是一位年轻貌美的女大学生，她除本职工作以外，对任何事情都漠不关心。其实在盖茨心里，自己的女秘书应该是一位能够将后勤工作事无巨细全部揽下来的"总管"，因为他有太多重要的工作需要处理，实在不能再分心。于是，盖茨找来总经理伍德，要求他立即解聘现任秘书，并尽快为自己找到一位新"总管"。

伍德领命后，便开始了招聘工作。几日后，他在办公室向比尔·盖茨递交了几份应聘资料。盖茨看后摇头不语——他需要的不是"花瓶"，而是一位成熟干练、稳重心细的女秘书。

"难道就没有更合适的人选吗？"盖茨明显有些失望。见状，伍德很犹豫地递上一份资料，口中说道："她曾从事过文秘、财会、行政文员等后勤工作，只是年纪大了一些，而且已是4个孩子的母亲，恐怕会有家庭拖累……"

盖茨迅速扫了一眼资料，打断伍德的话："只要她能胜任工作，又不会厌烦琐碎的杂事，就没问题。"

这位女士名叫露宝，当时已四十有二，应聘时对于自己并无信心可言。但这家公司有点怪异——别人招聘秘书都要求年轻靓丽、身材骄人，可他们却偏偏录用了一个"半老徐娘"。上任之初，丈夫曾在她耳边叮嘱："一定要留意公司月底能否发得出工资。"露宝对此并未理会，在她看来，一个年仅21岁的董事长在创业之初一定会遭遇诸多困难，她准备以一个成熟女性特有的细腻周到去完成自己应尽的责任与义务。

比尔·盖茨的工作方法与常人大不相同，他几乎每天都要到中午才来公司，却一直工作到午夜以后，偶尔还会在公司休息。因此，董事长在办公室的生活，也就成了露宝的重点工作内容，这使得盖茨受到一种来自母亲的温暖，同时也减轻了他对遥远家乡的思念。

此外，露宝在工作上也是盖茨的得力助手。盖茨是位谈判高手，但由于太过年轻，难免会在第一次见顾客时遭到质疑，他们弄不清眼前这个年轻男孩究竟是不是微软公司董事长。于是，常有电话打到公司进行询问，这时露宝会亲切地回答他们："请您注意观瞧，他

3. 梦想还是要有的，会有实现的那一天

看上去只有十六七岁，满头金发，戴着一副眼镜。如果你眼前的人就是这种形象，那就是我们董事长。所谓'人不可貌相'、'自古英雄出少年'嘛……"一番话语很快消除了对方的疑虑，为盖茨减轻了不少阻力。

盖茨是个工作狂人，因为微软距帕克机场仅有几分钟路程，为了尽量满负荷工作，他总是在时间即将到达时才匆匆起程。这样，偶尔难免要强行超车或是闯红灯，为此露宝担心不已，她屡次请求盖茨预留10几分钟去机场，而且一直加以监督。

在露宝眼里，公司就是一个大家庭，她对每一名员工、每一项工作，都怀着深深的感情。她负担起了公司大部分后勤工作，诸如发薪、接订单、记账、采购……

潜移默化之中，露宝俨然成了微软的灵魂，为公司带来了巨大凝聚力，包括盖茨在内的所有员工，都对露宝产生了极强的依赖心理。在微软决定迁往西雅图以后，露宝因丈夫的事业不能同去，盖茨只得恋恋不舍地与她挥手告别。

3年后，时值1980年冬夜，西雅图浓雾连绵。此时，盖茨坐在办公室中满脸愁容——他太需一名得力助手了。就在这时，一个"宛如天籁"般的声音响起——"我回来了！"是露宝！她说服丈夫将事业迁到这里，而后一个人先行来到西雅图，因为她一直无法忘记与盖茨相处的时光。

露宝曾对朋友说："一旦你与盖茨共事，就很难再离开他，他精力充沛、平易近人，这会让你工作得很开心。"

很明显，露宝用自己的行动赢得了盖茨的尊重与信赖，成为最令盖茨"割舍不下"的女人，亦成为了微软公司不可替代的一道

风景线。

女人绝不是职场上的弱者，其实，只要我们用心，就一定能实现属于自己的成功。

如果你是笨鸟，就先飞

如果你天生平凡，长相平平，那你就要比别人努力，而且不能放弃希望！如果早早做好计划，早早做好准备，早早做出行动，那么，就算是小笨鸟也会有肥肥的虫儿吃，而等那些自以为聪明、懒洋洋慢吞吞的鸟儿起来忙着找虫吃时，早起的鸟儿早已吃得饱饱，精气十足地开始了新一天的生活。

如果你是笨鸟，要想在激烈的竞争中走在别人前面，就要早些打点行装，开始上路。即使早行的路上会有薄雾遮眼，晓露沾衣，但只要朝着东方跋涉，我们必然会成为最早迎接朝阳的人。

她读小学时，文化课成绩一塌糊涂，唯一及格的，只有手工课。老师来家访，忧心忡忡地说："也许孩子的智力有问题。"父亲坚定地摇了摇头，说："能做出这么漂亮的手工作品，说明她的智力没有问题，而且非常聪明。"

看着老师摇着头离开，她难过地流下了泪水。父亲却笑着说："乖女儿，你一点儿都不笨。"说着，父亲从书架上拿出一本书，翻

3. 梦想还是要有的，会有实现的那一天

到其中一页，说："还记得我给你讲过的蓝鲸的故事吗？蓝鲸可是动物界最大的家伙，可你别看它如此庞大，它的喉咙却非常狭窄，只能吞下5厘米以下的小鱼。蓝鲸这样的生理结构，是造物主的巧妙设计，因为如果成年的鱼也能被它大量吃掉。那么，海洋生物也许就要面临灭绝的境地了！"

"上帝不会偏爱谁，连蓝鲸这样的大家伙也不例外。"停了停，父亲又给她讲了一个故事。

"奥黛丽·赫本小的时候家里很穷，经常忍饥挨饿，一度甚至只能依靠郁金香球茎做成的'绿色面包'以及大量的水来填饱肚子。长期的营养不良导致她的身材非常瘦削。当听说她的梦想是要成为电影明星时，所有的同学都嘲笑她白日做梦，说一阵风就可以把她刮上天了。在大家的嘲讽面前，赫本并未自卑，她一直为自己的梦想努力着，终于成功扮演了《罗马假日》中楚楚动人的安妮公主。如果当初，她因为别人的嘲笑而放弃理想，就不可能成为后来的世界级影星了。"

父亲又鼓励她说："你看，无论是蓝鲸，还是巨星，都有其不完美的一面。这就好像你的文化课成绩虽然差一点儿，但手工却是最棒的，说明你心灵手巧。你有自己的天赋，坚持下去吧。"

也许正因为有了父亲的鼓励，打这以后，她不但更加迷恋手工，还时不时地搞些小发明。比如听母亲抱怨说衣架不好用，她略加改造，就成了可以自由变换长度的"万能衣架"，甚至，在父亲的帮助下，她还将家里的两辆旧自行车拼到一起，变成了一辆双人自行车。

她就这样快乐地成长着，不再在乎别人说自己笨。似乎只是转眼之间，她已是麻省理工大学的一名学生。那天，她外出购物，在

超市门前偶然听到有两位顾客抱怨："现在找个空车位真难！如果谁能发明一种可以折叠的汽车就好了！"说者无心，听者有意，她随即产生了尝试一下的想法。

回去以后，她开始搜集有关汽车构造方面的知识，单是资料就打印了厚厚的几大本。接下来，她开始进行设计，一次次的思考，图纸画了一次又一次。经过半年的努力，她竟然真的设计出了折叠汽车的图纸。

这时，又有同学泼冷水，"你知道如何生产吗？说不定这就是一些废纸！"她又想起了父亲当年讲的蓝鲸的故事，笑着说："我确实不懂得生产汽车，但有人懂啊，我可以寻求合作。"接着，她在网上发布帖子，寻求可以合作的商家。不久，西班牙一家汽车制造商联系到她，双方很快签下合约。2012年2月，世界上第一款可以折叠的汽车问世了。

这款汽车有着时尚的圆弧造型，全长不过1.5米，电动机位于车轮中，可以在原地转圈，只要充一次电，就可行驶120公里，最重要的是它可以在30秒之内，神奇般地完成折叠动作，让车主再也不用担心没有足够的空间来停车。折叠汽车刚刚亮相，就受到众多车迷们的追捧，还没等正式批量生产，就收到了很多订单。

她就是来自美国的达利娅·格里。在接受记者采访时，她有些害羞地说："我从小就不是个聪明的孩子，但我坚持做自己喜欢的事，用刻苦和勤奋来弥补缺陷，才找到了属于自己的路。"

每个人都有多方面的才能，社会的需要和分工更是多种多样的。一个人这方面有缺陷，可以从另一方面谋求发展。只要有了积极心态，就可以扬长避短，把自己的某种缺陷转化为自强不息的推动力

3. 梦想还是要有的，会有实现的那一天

量，也许你的缺陷不但不会成为你的障碍，反而会成为你成功的条件。因为它促使你更加专心地关注自己选择的发展方向，促成你获得超出常人的动力，最终成为超越缺陷的卓越人士。

女人啊，如果你是笨鸟，就先飞！成功之事，大抵如此。其实仔细想想，也许每个人都应该把自己当成一只笨鸟，一直埋头啄啊啄，有天猛然抬头一看，天啊！我竟然造出了比其他小鸟更舒适、更温暖的窝。

你越不把失败当回事，失败就越不能把你怎样

和男人一样，在女人的世界里同样会出现竞争、困惑、无奈、挫折，尽管我们不愿意去面对，但是如果真的逃不开的话也没有必要慌张，我们应该坚信一切都会过去，一切都会慢慢向好的方向发展。女人，有着特有的坚毅刚强，这种从性格中带来的特质将帮助她们勇往直前，摆脱生命中一个又一个的困境，攻克人生中一个又一个的难关。

尽管女人外表柔弱，但是她们的内心并不柔弱。在面对困难和竞争的时候可以做到临危不乱。女人，一定要有做一个了不起的女人的志向。不管前方的路多难走，也一定要用坚强的毅力将它走完。曾经有一位名人说过这样一句话："付出不一定有回报，但是你不断

地付出就一定会有回报。"人生的这条路上，需要我们付出太多的艰辛，只要你能够凭着你的坚毅刚强挺过难关，坚持到最后，迎接你的一定会是一片绚烂的阳光。正所谓不经历风雨，怎能见彩虹？作为一个女人，我们应该明白其中的道理，不管现在经历的是坎坷还是坦途，不管未来会有什么样的变数，相信自己，选择坚强，也许在人生旅途的下一站，上帝就会赐给你意想不到的惊喜。

如今已属成功人士的罗燕在少年时期并非一帆风顺。16岁时，她以挡车女工的身份过早地进入了社会。直到1977年恢复高考，罗燕才总算与艺术结下不解之缘。大学毕业后，她因主演《女大学生宿舍》和《红衣少女》而被年轻人认同。1986年可能是她人生的一个转折点，这一年罗燕揣着60美元来到了大洋彼岸的美国留学。

可以说，刚到美国的罗燕并不熟悉获得诺贝尔文学奖的女作家赛珍珠的情况。然而在她看完了这位先后在中国生活达37年之久的作家的代表作《大地》，以及由此改编的影片后，罗燕惊奇了，她深深地为这位早在半个多世纪以前就已轻松跨越东西方文化鸿沟的杰出女性的能力所折服。在之后的一段时间里，罗燕开始了对中美文化交流史的研究。正是有了与赛珍珠同样的文化知识和经历，罗燕选择了改编赛珍珠的畅销小说《群芳亭》为电影《庭院里的女人》。

开始创作时并不尽如人意。当1997年初罗燕在中美两地寻找能用英文写作而又谙熟中国20世纪30至40年代风土人情的编剧时，她才发现这是一项多么艰难的工作。最后罗燕只得上街买了几本指导写剧本的书，亲自操刀上阵，边看边写。可能得缘于小说讲述的故事是一个罗燕十分熟悉的世界，她从小由外公外婆带大，上海滩的西化和隔代中国南方上层社会生活方式的深刻影响，使罗燕的想

3. 梦想还是要有的，会有实现的那一天

象创造顷刻间得到了发条。

最终她成功了，克服了重重困难，将这部她自编、自导、自演的《庭院里的女人》搬上了好莱坞电影的舞台。罗燕用自己的坚毅和刚强感动了身边的每一个人，成就了属于自己的辉煌。当时制片、导演、演员、主创人员正是顶着种种困难，按时在两个月的拍摄期内创造出了这部中国产的好莱坞影片。当所有主创人员并排站在了主席台前，面对着观众对影片充满期望的目光时，大家一片欢声笑语。只有罗燕自己，潸然泪下……

像罗燕一样，在追求成功与开创事业的时候，几乎每个人都不可避免地要遇到困境。其实，这些困境只不过是暂时的挫折，是通往成功的一级阶梯。它会告诉你某些方法已经行不通了，而某些方法还没有试过，你还有机会成功。正如美国大发明家爱迪生所说："在困难面前，只有放弃的人才是真正的失败者。"

我们再来看看玛格丽特·米契尔的故事：

玛格丽特·米契尔是世界著名作家，她的名著《乱世佳人》享誉世界，但是，这位写出旷世之作的女作家的创作生涯并非我们想象的那样平坦，相反，她的创作生涯可以说是坎坷曲折。玛格丽特·米契尔靠写作为生，没有其他任何收入，生活十分艰辛。最初，出版社根本不愿为她出版书稿，为此，她在很长一段时间里不得不为了生活而精打细算。但是，玛格丽特·米契尔并没有退缩，她说："尽管那个时期我很苦闷，也曾想过放弃，但是，我时常对自己说：'为什么他们不出版我的作品呢？一定是我的作品不好，所以我一定要写出更好的作品。'"经过多年的努力，《乱世佳人》问世了，玛格丽特·米契尔为此热泪盈眶。她在接受记者采访时说："在出版《乱

世佳人》之前，我曾收到各个出版社一千多封退稿信，但是，我并不气馁。退稿信的意义不在于说我的作品无法出版，而是说明我的作品还不够好，这是叫我提高能力的信号。所以，我比以前任何时候都努力，终于写出了《乱世佳人》。"

就像成功学大师拿破仑·希尔所说的那样——因为下面这三个原因，失败往往能够转化成成功的基石。第一，失败可以打开新的机遇大门，迎来新的人生机会；第二，失败可以给骄傲的人注入一针清醒剂；第三，失败可以使人知道什么方法是错误的，而成功又需要什么样的方法。基于上面三个原因，我们应该知道，失败带来的逆境并非都是坏事。关键是看我们对失败做出何种反应，它决定着一个人的人生。

人生如战场，试想一下，如果你身临战场，当你遇到困难和敌人时就赶紧后退，其后果如何？把事情做好，把困难解决掉，这不也是一种"作战"吗？在面对困难时如果不回避，而是面对它们，它们就不会成为大问题。女人，要拥有那份属于自己的坚毅刚强，只有这样，我们才能够在乌云散去的时候，找到那颗帮助自己成功的种子，才能看到属于自己的那片精彩世界。

请记住个人心理学先驱艾尔费烈德·艾德勒说的那句话——"你越不把失败当作一回事，失败越不能把你怎么样；只要能保持心态的平和，成功的可能性就越大。"每一个女人的人生，都必然会面临困难和坎坷，但是只要我们对这些无所畏惧，那么一切都只不过是纸老虎而已。

3. 梦想还是要有的，会有实现的那一天

只要你还在走，前路的风光便属于你

曾看到这样一行字，不禁怦然心动——

"只要你还在走。"

是啊，只要你还在走，前路的风光便可以属于你；只要你还在走，你就可能成为走在最前面的人；只要你还在走，你就还可能到达你梦寐以求的目的地……只要你还在走……

并不怎么苛求你，只要求你还在走就够了。不要说你还拥有万贯财富，不要说你还有显赫的出身，不要说你还有鼓噪远近的威名……只对你做最低的期求——只要你还在走，脚还在向前迈出——没有停下。

只要你还在走呵，希望便会属于你，成功便会属于你，杰出便会属于你……只要你还在走呵，生命便属于你，明天便属于你，道路便属于你……尽管此时的你，可能一无所有，可能微不足道。

只要你还在走！

有个女孩，她就这样一直在自己的梦想道路上行走着，而且足足走了100年。这个人就是澳大利亚的百岁老太——鲁思·弗里思。

鲁思·弗里思儿时就为自己种下了当世界冠军的梦。为此，她每天都早早起床跑步，课余时间除了帮父母做家务就是参与各种体育活动。

后来,她不得不忙于学业;再后来,她又结婚、生子;然后要照顾孩子。孩子长大后,婆婆又瘫痪了,她又要照看婆婆。接下来,她又要照顾孙子……转眼间,她已经六十多岁了。总算没有什么让她分心的事情了,她又开始锻炼身体,想实现童年的梦想。她的丈夫开始总是笑她,说他没见过一个六十多岁的人还能当冠军的。后来他却被她的执着感动,开始全力支持她,并陪她一起锻炼。三年后,她参加了一项老年组的长跑比赛。本来就要实现她的冠军梦了,谁知就在她即将到达终点的时候,不小心摔了一跤,她的手臂和脚踝都受伤了。与冠军失之交臂的她痛惜不已。

等伤好了,医生却警告她,以后不适合再参加长跑比赛了。她沮丧极了。多年的心血白费了。难道冠军梦就永远实现不了了吗?这时,丈夫鼓励她说:"冠军有很多种,你做不了长跑比赛的冠军,可以做别的项目的冠军啊。"从此,她开始练习推铅球。

允许老年人参加的比赛并不多。七年后,她才等到了机会,报名参加了国外一场按年龄分组的铅球比赛。但就在出国前夕,她的丈夫突然病倒了。一边是等待了多年的得冠军的机会,一边是陪伴了自己大半生的丈夫,她最终放弃了比赛的机会。

多年后,她终于等到了世界大师锦标赛。这场大赛不仅包括铅球比赛,而且参赛选手的年龄不限,并按年龄分组比赛。不过,这项比赛却是在加拿大举办,离她的国家太远了。她的儿孙都不让她去。因为当时的她已经快80岁了。虽然不能去,但她依然坚持锻炼。她坚信,自己总有一天一定能当上冠军。

转眼,又二十多年过去了。2009年10月份,世界大师锦标赛

3. 梦想还是要有的，会有实现的那一天

终于在她的家乡举办了。来自全世界 95 个国家和地区的 28292 名"运动健将"参加了本届全球规模最大的体育赛事。虽然当时的她已经年过百岁，但没有人能再阻止她的冠军梦了。

那一天，阳光明媚。她走上赛场后，举重若轻地捡起八斤多重的铅球放在肩头、深呼吸，然后用力一推，铅球飞出 4 米多远。这一整套流畅的动作让现场的观众惊呼不已，大家都纷纷站起来为她鼓掌。她也凭此一举夺得了世界大师锦标赛女子 100 岁至 104 岁年龄组的铅球冠军。

记者问她："您这么大年纪还能举得起这么重的铅球，真是令人惊叹。您是怎么锻炼的？"她骄傲地回答说："我每周 5 天定期进行推举杠铃训练，我推举的杠铃足有 80 磅。虽然我知道，只要我参赛就一定能获得冠军（在这个年龄段，能举得起这个重量，还能来这里参赛的人只有她一人），但那样对我来说太没意义了。我要向所有人证明，我不是靠幸运，而是靠实力夺取冠军的。"她的话赢来了众人热烈的掌声。

一个将梦想坚持了百年之久的人，生活也许可以阻挡她实现梦想的脚步，却无法阻挡她梦想成真！

女人的梦想总是那样多姿，那般浪漫。只是，又不知从何时起，我们的激情在一点点消逝，对于梦想的追求在逐渐消退，甚至一些人的眼中就只剩下了"财迷油盐酱醋茶"——倘若这些也可以称之为梦想的话，那么只能说，我们的梦想在日渐枯萎，幸福感在逐步流逝。

或许，是日益加剧的竞争、是不断增长的压力令我们有所屈服，放弃了心中多姿多彩的梦想。我们生活在高度竞争的状态下，每天

迫不得已地为琐事而忙碌，心里想的就是柴米油盐，日日盼的就是多赚些钱，因而忽略了原本令我们一想起便感到幸福的梦想。我们就像被蒙上眼睛的毛驴一样，每日围着磨盘转，总是踏不出那固定的圈。我们习惯了这拉磨一般的生活，至于明天要怎样、什么是幸福，我们从不去想，于是，就这样得过且过着，于是就只能平平庸庸、忙忙碌碌、麻麻木木地走完一生。女人啊！这又何尝不是一种悲哀？

其实，女人还是应该有些梦想，有些激情的。

梦想虽然看不到、摸不着，但有心人却甘愿为之托付青春，这正是因为，梦想能使人幸福。曾有人问英国著名登山家马洛里："你为什么要去攀登世界最高峰？"马洛里回答："因为山就在那里。"其实，我们每个人心中都有一座山，只不过，有些人生性怯懦，畏缩不前；有些人信念坚定，即便山高路远，依然一往无前。不为别的，只为登上山顶，品尝一下成功的滋味。

永远做自己喜欢的事情

人们在从事自己喜爱的工作时，总是特别有激情，有创造力，而且容易感到幸福，感到满足。

人的一生短暂而漫长，但很多人只能把自己喜欢的事悄悄搁在

3. 梦想还是要有的，会有实现的那一天

心底，再加上一把锁，然后去做许多不一定是自己喜欢的事。

活着的理由很多，为工作而活，为责任而活，为别人而活，为许多说不清的道理甚至虚伪和毫无价值的评定而活。从日出到日落，从月圆到月缺，与多少美丽擦肩而过，多少真心喜欢做的事，心里想着惦记着，却一件也没有做成，任青丝变成白发，任额头布满皱纹。

有品位的女人选择做自己喜欢的事情，为了生命中少些缺憾、多点美丽。

现代大多数女人都不甘心成为生活的牺牲品，她们努力挤出一部分生命给自己，但绝不意味着她们不承担责任，不履行义务，不扮好自己的社会角色，她们只是懂得人应该为自己而活。

工作很重要，它满足你所有的物质需求，它提供给你未来生活的幸福保障，女性要坚持一个前提：工作绝不能与自己喜欢的事情相冲突。她希望自己每天开开心心去上班，心满意足地回到家，愉快期待第二天太阳的升起。

选择一个好男人做自己的伴侣很重要，是女人一生里的头等大事，所有女人都会慎重对待。女性不应委屈自己，不应把金钱、相貌、门第等作为择偶标准，她所要寻找的，一定是一个她自己喜欢的、相处融洽的伴侣。因为喜欢，才是产生爱情的首要基础。

家庭很重要，每个女人都梦想有一个幸福美满的家，为了这个目标，她们兢兢业业、任劳任怨地付出。为心爱的人做一顿美味晚餐，让房间保持清洁整齐，很多女人把家庭与家务等同起来。有品位的女人也希望让自己的家变得幸福温馨，但她却不愿意从此成为女佣、清洁妇。如果讨厌家务，尽可能请个钟点工来帮忙，否则，

不是用爱心烹饪出来的食物不会让享用者感到快乐，不是用爱心整理好的屋子充满着怨气。

生活里重要的事情很多，但是最重要的是做好自己，要保持幸福快乐的心情。

每个人都有自己喜欢的事情，可是很多时候，人们其实没有选择的机会，现实生活中常常出现阴差阳错的事情。

年轻时，每个人都会有自己的梦想，随着岁月流逝，又很容易丢弃了它们。现在的女性却把它们当作自己最珍贵的财富，把自己的时间尽量花在自己真正喜爱的事情上，她们甚至会忘却时光，永葆年轻的心态。

在琐碎的生活之余，女性会安安静静地读几页书，会心无旁骛地画几笔画，会快快乐乐地爬几趟山……不求能得到多大的成就，只是因为那是她心中所爱，属于她的东西任何人也夺不走。

能做自己喜欢之事的人是快乐的人，能做自己喜欢之事的人是幸福的人！

女性选择做自己喜欢的事情，是尊重自己的表现。只有做自己想做的事，人才会感觉到快乐和幸福，才会使自己在精神上获得充实，在心理上得到满足，才会对生活充满激情。

3. 梦想还是要有的，会有实现的那一天

不要随便想想，那不叫梦想

确定目标最为重要的，是对自身实力有个正确的评估。大到一个国家，小到一个人，在确立目标之时，必须首先考虑目标的可行性，认清实现目标的基础，分析一下，这样的基础自己目前是否已经具备，衡量目标与现实之间的差距，客观判断一下，凭借自己的能力是否可以消除这种差距。只有这样，我们才能避免滑铁卢式的失败。

在一堂推销员培训课上，有个学员举手问老师："老师，我的目标是在一年内赚100万！请问我应该如何做出计划呢？"

老师问他："你相不相信你能达成？"他说："我相信！"老师又问："那你知不知道要通过什么行业来达成？"他说："我现在从事保险行业。"老师接着又问他："你认为保险业能不能帮你达成这个目标？"他说："只要我努力，就一定能达成。"

"我们来看看，你要为自己的目标做出多大的努力，根据我们的提成比例，100万的佣金大概要做300万的业绩。一年：300万业绩。一个月：25万业绩。每一天：8300元业绩。"老师说。"每一天：8300元业绩。大既要拜访多少客户？"老师接着问他。

"大概要50个人。"

"一天要50人，一个月要1500人；那么一年呢？就需要拜访

85

18000个客户。"

这时老师又问他:"请问你现在有没有18000个A类客户?"他说没有。"如果没有的话,就要靠对陌生客户的拜访。你平均一个人要谈上多长时间呢?"他说:"至少20分钟。"老师说:"每个人要谈20分钟,一天要谈50个人,也就是说你每天要花16个多小时在与客户交谈上,还不算路途时间。请问你能不能做到?"他说:"不能。老师,我懂了。这个目标不是凭空想象的,是需要凭着一个能达成的计划而定的。"

梦想不是幻想,目标要看得见摸得着,且必须与计划相辅相成。否则目标定得越高,失望也就越大。

天上的星星固然美丽,但如果我们想要把它摘下来,这显然是不现实的。制定成功的目标,不能虚空想象,也不能好大喜功,不要把某种不切实际的欲望当成要付诸行动的目标;否则,你只会徒劳无功。

你可以把梦想放得很高,但不要让它脱离你的掌控

有些欲望是自然的,另一些欲望则是无益的,苦恼或源于恐惧,或源于无益的毫无节制的欲望。然而,倘若一个人能克制欲望,他便为自己赢得了彻悟人生的至福,若是填补欲壑,纵然是万贯家财,

3. 梦想还是要有的，会有实现的那一天

所带来的也不是富有，而是贫困。有些女人实现梦想之所以困难重重，乃是因为忘却天性，是因为为自己设置了无穷的恐惧与欲望。

女人固然要有理想，但空想不是志向，只是白日做梦而已。生活中那些崇尚空想、脱离实际、好高骛远、志大才疏的人未免可怜可叹。

看过一篇报道：一个15岁的女孩为了实现自己当歌星的"梦"，以割腕自杀为要挟逼迫父母拿钱出来送她去北京学音乐，继而离家出走，最后流落街头，成了失足少女。

有位大姐，四十几岁，每天日出而歌，日落而息。与那个女孩一样，多年以来她的心里始终藏着一个美丽的音乐梦，不同的是，这一路走来，她将自己的梦想融入到了平凡的生活中，在她洗漱完毕高歌那首《斯卡布罗集市》时，在她心里自己俨然就是莎拉·布莱曼。而少女，却已被自己的"梦想"所戕害。

还有一处很大的不同：那位大姐的音乐梦只是为歌而歌；而少女，恐怕她的梦想并不在于艺术，而是明星身上那令人炫目的光环、粉丝那山呼海啸的呐喊，以及随之而来的巨大名利。

诚然，人往高处走，水往低处流，每个人都希望自己能迅速到达成功的最高峰，这是人之常情，无可厚非。可是理想再高远，如果不是踏踏实实、一步一个脚印地往前迈，那这个理想再美好，也不过是海市蜃楼，只能空想罢了。

从哲学的角度上说，梦想未必需要伟大，更与名利无关，它应该是心灵寄托出的一种美好，人们从中能够得到的，不只是形式上的愉悦，更是灵魂上的满足。

还记得多年前央视曾报道过一个陕北女人的故事。那个30岁

的女人很小时就梦想着能够走出大山，像电视中那些职业女性一样去生活。可彼时的她，有疾病缠身的老公要照顾，有咿呀学语的孩子要抚养，这个家需要她来支撑。走出大山的梦，对于一个文化程度不高、家庭负担沉重的山里女人来说，不仅遥不可及，而且也不现实。

十年之后的这个女人，满脸都是骄傲和满足。不过，她并没有走出大山，而是在离村子几十公里的县城做了一名销售员。成为都市白领的梦想，恐怕这一生都无法实现了，但取而代之的却是更贴近生活、更具现实感的圆梦的风景——她终于看到了山外的风景，也终于有了自强自立的平台。

很多时候，我们无法改变所处的客观环境，但可以改变自己，可以变通自己的思维方式和价值观念。有时候，一个女人纵然有巾帼英雄之才，可如果脱离了生活的实际，那么，她的梦想也不过就是美梦一场。

梦想就像那高高飞起的风筝，你可以把它放得很高，但不要让它脱离你的掌控，有时还要尽可能地拉回奢望的线，让梦想接点地气，具有踏踏实实的人间烟火之感。这样的人生才更具有生气和活力，这样的梦想才能得到实现的机遇。

4.
幸福不是从天上掉下来的，
而是从自己心里长出来的

幸福不是从天上掉下来的，而是从自己心里长出来的；它是一种能力，你必须主动去寻找。幸福是一种天赋，更是一种修养。心胸宽广的人容易幸福，不计较琐事的人更容易幸福。

别让抑郁遮住快乐的阳光

　　工作、生活，都有可能让女人患上抑郁症。抑郁症是女性美丽的"头号杀手"。女性的心理相对于男性来说一般比较细腻，但正是这个细腻让各种情感"垃圾"、不愉快的心情在女性心里堆积，甚至会变质。随着生活节奏的加快，竞争加剧，女性面临的各种压力也越来越大，而女人正处于事业、家庭发展的关键期，如果不及时将各种不良的情绪驱散，抑郁离我们就不远了。

　　陈秀雅是个典型的江南美女，聪明、能干、事业心强，将自己的工作室经营得有声有色，与家人的关系也很融洽。可工作室做大以后，应酬多了起来，需要经常出去喝酒，有时在酒桌还会遭遇性骚扰，这让陈秀雅非常难过，回家向老公发泄，反而引起了老公的误会，骂她自己不检点，才会引来麻烦。

　　在工作与家庭都不顺心的情况下，陈秀雅逐渐感到对生活力不从心，慢慢地脑袋也不好使了，做事也不灵光了，生意因此一落千丈。有时因为工作的原因批评了下属，回到家中却要自责很久，认为自己乱摆架子。渐渐地，老公及孩子都开始疏远她，认为她有病。

　　后来，陈秀雅开始失眠，每天睡觉的时间越来越少，后来发展

4. 幸福不是从天上掉下来的，而是从自己心里长出来的

到服用安眠药也彻夜不眠的程度。在连续两周彻夜不眠后，她终于崩溃了，不得不放弃事业，开始在家休养。

病休之初，自以为只要好好休息，恢复睡眠即可。岂知越来越恶化，每天都睡不着觉，整宿不得安息。每次都是在困倦昏沉到即将入睡之际，会突然心悸，然后惊醒。当时，她给一个朋友发短信描述说："感觉有一个士兵把守在睡眠的城门口，当睡意来临，就用长矛捅向心脏，把睡意惊走。"

在失眠的同时，身体症状开始出现。头痛、头晕、注意力无法集中，没有食欲，思维迟缓，做任何事情都犹豫不决，她明显觉得自己变傻了。

再后来，她开始出现轻生的念头，并设计了多套死亡方案，譬如躺在玫瑰花中死去……

我们来给陈秀雅支支招，她这种情况最好的疗法就是药物加认知治疗，药物可以稳定她的情绪，认知疗法可以帮助她正确地看待生活及工作中的人和事。当然，如果她的家人能够给予她更多的理解和支持，在她困惑时多多加以开导，效果会更好。

关于药物治疗，我们还是交给医生来做。在这里，主要讲一下冥想认知疗法。所谓冥想认知疗法，就是改变人的精神状态，以此消除抑郁的一种方式。在冥想的过程中，人的反省能力会有所增强，对事物的看法会随着冥想的深入逐渐清醒或产生积极的作用。

找个静谧的所在，播放一段优雅、舒缓的轻音乐，静坐，在头脑中想象一个轻松愉快的场景。一边听着自己的呼吸，一边冥想着潮起潮落、白云悠悠：每一次呼吸，你的紧张都会随潮水退去，每一次呼吸，都是一次云卷云舒；想象海浪正随着你的呼吸韵律轻柔

地拍打着海岸，你感到很轻松，仿佛白云也离自己越来越近……仿佛自己变成了一朵白云……慢慢飘起来……飘起来……你侧卧在洁白的云堆上，做着一个美丽的梦，手很轻松，手飘起来了，脚很轻松，脚也飘起来了……

这种冥想可以使压抑和烦闷的情绪得到释放，有效地舒缓肌肉和神经紧张。在冥想时，要摒除杂念，使自己处于一种尽量放松的状态，它可以使抑郁造成的精力贫乏和索然无味的身心，在这段时间内重新恢复到正常状态，能够消除较轻程度的精神抑郁。

当然更重要的是，要找出自己压力的源头，学习如何处理压力、解决问题，才能避免压力如影随形，压得人喘不过气来。现实生活中，抑郁症患者常为情、财、事业等问题所困，导致自杀，但无论是何种原因导致抑郁自杀，归根结底，就是人们常常不懂得适时放下，也就是遇到困境无法将其转换为光明、正向的念头。很显然，遇事多向好的一方面去考虑，人的抑郁、心结自然也就解开了。

说得更直观一些，积极冥想就是让人凡事都往好处想。毫无疑问，谁都不希望自己的人生在痛苦中度过，但如果脑子中装满了对这个世界的愤愤不平、装满了面对人生的消极情绪，试问何处又能盛装快乐呢？其实只要心态积极一点就会发现，每个人的生活都差不多，每个人都在为生计而奔波，每个人都要为一日三餐的质量而努力，当然，也都要遇到各种各样的难题。那么，人家看得开，我们为什么就看不开呢？事实上，也正是因为我们看不开，所以人家在困难之中往往能看到契机，而我们就只能看到危机。

抑郁，遮盖了生活中的阳光，赶走抑郁，让我们的生活充满明

4. 幸福不是从天上掉下来的，而是从自己心里长出来的

媚的阳光，这应该是我们生活的目标，也是我们生活的动力。女人，你的生活中还有抑郁吗？那就赶快想办法把它赶走吧！因为生活需要的是阳光和快乐。

笑是生命中最美丽的音符

你可能早就发现了，心情不好时，看部喜剧电影大笑一场，沮丧的心情就会平复许多，民间有句俗语"笑一笑，十年少"，一个女人如果能笑口常开，她就会变得更健康更美丽。

用微笑去面对每一个你接触到的人，你会很容易地成为一个有品位的女人。

笑，它不花费什么，但却创造了许多奇迹。

有人做了一个有趣的实验，以证明微笑的魅力。

两个模特儿分别戴上一模一样的面具，上面没有任何表情，然后问观众最喜欢哪一个人，答案几乎一样：一个也不喜欢。因为那两个面具都没有表情，他们无从选择。

然后再要求两个人把面具拿开，舞台上出现了两种不同的个性，两张不同的脸，其中一个人把手盘在胸前，高傲冷峻并且一句话也不说，另一个人则面带微笑。

主持人问观众："现在，你们对哪一个人最有兴趣？"答案也是

一样：他们选择了那个面带微笑的人。

这充分说明了微笑受欢迎，微笑能拉近人与人的距离。有了微笑，办事就有了良好的开端。

微笑永远不会使人失望，它只会使人受欢迎。

不会微笑的人在办事中将处处感到艰难，这就是生活中真实的写照。

微笑能解决问题，这是一个真理，办事有经验的人都会明白这一点。

用微笑把自己推销出去，无疑是人生成功的法宝。

联合航空公司宣称，他们的天空是一个友善的天空，微笑的天空。的确如此，他们的微笑不仅仅在天上，在地面便已开始了。

有一位叫珍妮的小姐去参加联合航空公司的招聘，她没有关系，也没有熟人，也没有先去打点，完全是凭着自己的本领去争取。她被聘用了，你知道原因是什么吗？那就是因为她脸上总带着微笑。

令珍妮惊讶的是，面试的时候，主考官在讲话时总是故意把身体转过去背着她。你不要误会这位主考官不懂礼貌，而是他在体会珍妮的微笑，感觉珍妮的微笑，因为珍妮应征的工作是通过电话开展工作的，是有关预约、取消、更换或确定飞机班次的事务。

那位主考官微笑着对珍妮说："小姐，你被录取了，你最大的资本是你脸上的微笑，你要在将来的工作中充分运用它，让每一位顾客都能从电话中体会出你的微笑。"

其实归根结底，能不能微笑地面对一切，仍旧是个态度问题。只要你能从内心深处端正自己的态度，养成乐观豁达的性格，你脸

4. 幸福不是从天上掉下来的，而是从自己心里长出来的

上的笑容自然不请自来。有了这样的笑容，说起话来，自然就会产生令人难以拒绝的魅力。

微笑是一种很重要的修养，微笑的实质是亲切，是鼓励，是温馨。真正懂得微笑的人，总是容易获得比别人更多的机会，总是容易取得成功。

幸福是一种来自心灵的快乐和满足

有些女人追求金钱、地位、名望，因为她们相信这会让她们生活得更幸福，其实这是对幸福的一种误解，幸福的感觉往往是与物质无关的，只要你学会调整自己的心态，同样可以快乐地徜徉在幸福的生活中。

她是一个三十来岁的女人，工作是程序员，每月有近5000元的收入，和丈夫住在一个小小的居室里。她和丈夫报名参加电脑培训班，每天准时上下班，每到周末或者叫上朋友去野餐，或者与丈夫一起看场爱情电影。她说："我很幸福呀！没觉得自己缺什么，最大的理想就是成为系统工程师！"这位女士幸运地拥有了幸福，她也再一次向我们证明了这种说法：幸福与物质享受无关，而是来自于一份轻松的心情和健康的生活态度。

如果你能试着从以下几个方面努力，你也会成为一个幸福的人。

1. 不抱怨生活而是努力改变生活

幸福的人并不比其他人拥有更多的幸福，而是因为他们对待生活和困难的态度不同，他们从不问"为什么"，而是问"我该做什么"；他们不会在"生活为什么对我如此不公平"的问题上做过长时间的纠缠，而是努力去思考解决问题的方法。

2. 不贪图安逸而是追求更多

幸福的人总是离开让自己感到安逸的生活环境，幸福有时是离开了安逸生活才会积累出的感觉，从来不求改变的人自然缺乏丰富的生活经验，也就很难感受到幸福。

3. 重视友情

广交朋友并不一定带来幸福感，而一段深厚的友谊才能让你感到幸福，友谊所衍生的归属感和团结精神让人感到信任和充实，幸福的人几乎都拥有团结人的天赋。

4. 持续地勤奋工作

专注于某一项活动能够刺激人体内特有的一种荷尔蒙的分泌，它能让人处于一种愉悦的状态。研究者发现，工作能发掘人的潜能，让人感到被需要和责任，这能给人以充实感。

5. 树立对生活的理想

幸福的人总是不断地为自己树立一些目标，通常我们会重视短期目标而忽略长期目标，而长期目标的实现能给我们带来幸福的感受，你可以把你的目标写下来，让自己清楚地知道为什么而活。

6. 从不同情况中获取动力

通常人们只有通过快乐和有趣的事情才能够拥有轻松的心情，

4. 幸福不是从天上掉下来的，而是从自己心里长出来的

但是幸福的人能从恐惧和愤怒中获得动力，他们不会因困难而感到沮丧。

7. 过轻松有序的生活

幸福的人从不把生活弄得一团糟，至少在思想上是条理清晰的，这有助于保持轻松的生活态度，他们会将一切收拾得有条不紊，有序的生活让人感到自信，也更容易感到满足和快乐。

8. 有效地利用时间

幸福的人很少体会到贸然地被时间牵着鼻子走的感觉，另外，专注还能使身体提高预防疾病的能力，因为每 30 分钟大脑会有意识地花 90 秒收集信息，感受外部环境，检查呼吸系统的状况以及身体各器官的活动。

9. 对生活心怀感激

抱怨的人把精力全集中在对生活的不满之处，而幸福的人把注意力集中在能令他们开心的事情上，所以，他们更多地感受到生命中美好的一面，因为对生活的这份感激，所以他们才感到幸福。

幸福是一种抽象的感受，是一种来自心灵的快乐和满足，它并不难得到，如果你愿意，你也一样可以拥有。

假如老天对你不好，你要对自己好

　　人活着，很多事情无法如愿，人生没有十全十美，更无奈的是，有些时候我们连七八分美都没有：或许你是个爱美的女人，但偏偏生下来就有缺陷；或许你是个心高的女人，但偏偏就生在一个贫穷之家；或许你一直很相信爱情，但偏偏遇到的都不是什么良人……这样的事情在我们身上出现了太多太多，那怎么办？认命吗？你可知道：残疾并不可怜，最可怜的是因为残疾而自我放弃、不敢见人；出身贫寒并不可怕，最可怕的是心灵贫穷，怨天尤人；失恋、背叛都杀不了人，能杀死人的只有人的那不堪一击的心。

　　在东北吉林有一个袖珍姑娘，她出生时因为母亲难产患上了生长激素缺乏症，只有通过注射生长激素才能长高，但生长激素价格不菲，普通家庭根本承担不起，她的父母含着泪停止了她的治疗，后来，因为骨骺闭合，她的身高最终停留在了1.16米，即便如此，也未能阻止她不断追逐自己梦想的高度。这个姑娘，心理上没有丝毫自卑，除了身高，你看不出她于正常人有什么两样。

　　其实，一般袖珍人在成长过程中所遭遇的问题和困扰，她都经历过，只是她都能以乐观坚强的性格将困难一一克服。

　　因为身高的原因，求学时她就遇到了很多困难，入学、升学、

4. 幸福不是从天上掉下来的，而是从自己心里长出来的

考试等各种问题，甚至大学都是站着上完的，但她仍然靠自己的努力顺利通过了英语专业八级的考试，并顺利毕业。

作为长春师范院校英语专业的学生，当老师是她最大的梦想，然而1.16米的身高注定了她与这份深爱的职业无缘。接下来的每一次招聘会，她都会被无情地伤害，尽管她的英语口语和文字都比较好，但用人单位只要一看到她的身高，就都会将她拒之门外。那时节，她家周围一些从事卖报纸、修汽车等工作的朋友曾想帮她找一份类似的工作，都被她婉言谢绝了，不是看不起这样的工作，只是她觉得放弃这么多年的所学，真的不甘心。她仍坚持着跑招聘会，后来，长春市一家制药企业终于被她坚强的毅力所感动了，他们向她伸出了橄榄枝，与她签订协议聘请其担任英语翻译。

得到了稳定的工作，她开始有计划地去实现自己的梦想，她的梦想有很多，大多与袖珍人有关。这个坚强且博爱的姑娘深知自己的遗憾已经无法弥补，但她不想让更多的袖珍人再留下遗憾，于是经过不懈的努力，"全国矮小人士联谊会"在她的推动下成立了，目前已在全国各地初具规模，在收获事业的同时，她也在联谊会里收获了自己的爱情。

2011年，这个袖珍姑娘身穿白纱挽着自己的爱人步入了神圣的婚姻殿堂，这在早些年是她从没想到能够实现的梦想。

婚礼上，30多名苏浙沪的袖珍人带着对这对新人的祝福来到现场。"我们也希望能像他们一样幸福，找到可以相伴一生的人！"多名"袖珍姑娘"沉浸在喜悦中。婚礼现场更感人的一幕是，来自全国各地的99名袖珍朋友隔空发来了对新人的祝福视频。从"中国达人秀"走出来的"袖珍明星"朱洁和秦学仕也来到现场，献上了一

曲《甜蜜蜜》，祝福新人婚姻甜蜜，生活美满。中国红十字基金会项目管理部副部长周魁庆代表中国红基会向他们赠送了礼物，更带来"成长天使基金"的"爱心天使"佟大为、关悦夫妇的视频祝福。

这个全国知名的袖珍才女叫逯家蕊，她的微博标签是"袖珍女孩、水晶人生"。

假如老天对你不好，你要对自己更好。如果生活待你不公，不要悲观，不要失望，乐观地去面对生活，你就不会认为那是不公，而是人应该接受的。因为不管怎样，我们还得继续生活。对待生活，要有海一样的心胸，才会有大海一样的快乐。

假如生活欺骗了你，不要悲伤、不要心急！忧郁的日子需要镇静，相信吧，快乐的日子将会来临。心儿永远向往着未来，一切都是瞬间，一切都将会过去，而那过去的将会成为亲切的怀恋。

如果不可以流泪，不如试着微笑

人生总会有些遗憾，遗憾会使有些人堕落，也会使有些人清醒；能令一些人倒下，也能令一些人奋进。同样的一件事，我们可以选择不同的态度去对待。如果我们选择了积极，并做出积极努力，就一定会看到前方瑰丽的风景。

其实，人生中的遗憾并不可怕，就怕我们沉浸在戚戚地遗憾诉

4. 幸福不是从天上掉下来的，而是从自己心里长出来的

说中停滞不前。甚至那些看似无法挽回的悲剧，只要我们意念强大，勇敢面对，就能修正人生航向，创造人生幸福，实现人生价值。

美国女孩辛蒂在上医科大学时，有一次，她到山上散步，带回一些蚜虫。她拿起杀虫剂想为蚜虫去除化学污染，却感觉到一阵痉挛，原以为那只是暂时性的症状，谁料她的后半生从此陷入不幸。

杀虫剂内所含的某种化学物质使辛蒂的免疫系统遭到破坏，使她对香水、洗发水以及日常生活中接触的一切化学物质过敏，连空气也可能使她的支气管发炎。这种"多重化学物质过敏症"，到目前为止仍无药可医。

起初几年，她一直流口水，尿液变成绿色，有毒的汗水刺激背部形成了一块块疤痕。她甚至不能睡在经过防火处理的床垫上；否则就会引发心悸和四肢抽搐。后来，她的丈夫用钢和玻璃为她盖了一所无毒房间，一个足以逃避所有威胁的"世外桃源"。辛蒂所有吃的、喝的都得经过选择与处理，她平时只能喝蒸馏水，食物中不能含有任何化学成分。

很多年过去了，辛蒂没有见到过一棵花草，听不见一声悠扬的歌声，感觉不到阳光、流水和风。她躲在没有任何饰物的小屋里，饱尝孤独之余，甚至不能哭泣，因为她的眼泪跟汗液一样也是有毒的物质。

然而，坚强的辛蒂并没有在痛苦中自暴自弃，她一直在为自己，同时更为所有受化学污染物的牺牲者争取权益。后来，她创立了"环境接触研究网"，以便为那些致力于此类病症研究的人士提供一个窗口。几年以后，辛蒂又与另一组织合作，创建了"化学物质伤害资讯网"，保证人们免受威胁。

目前这一资讯网已有来自 32 个国家的 5000 多名会员，不仅发行了刊物，还得到美国、欧盟及联合国的大力支持。

她说："在这寂静的世界里，我感到很充实。因为我不能流泪，所以我选择了微笑。"

是啊，既然不能流泪，不如选择微笑，女人们，当我们微笑着面对生活时，我们也就走出了人生的冬季。

岁月匆匆，人生也匆匆，当困难来临之时，学着用微笑去面对、用智慧去解决。永远不要为已发生的和未发生的事情忧虑，已发生的再忧虑也无济于事，未发生的根本无法预测，徒增烦恼而已。要知道，生活不是高速公路，不会一路畅通。人生注定要负重登山，攀高峰，陷低谷，处逆境，一波三折是人生的必然，我们不可能苦一辈子，但总要苦一阵子，忍着忍着就面对了，挺着挺着就承受了，走着走着就过去了。

做一个可爱的"糊涂"女人

看看社会上有些中年人，一个比一个精明，一个比一个爱较真，生怕什么地方犯糊涂吃了亏。《红楼梦》里对王熙凤的批语说"机关算尽太聪明，反误了卿卿性命"。这就是在告诉我们不要学王熙凤式的精明，世事复杂，我们不可能把每件事都弄得清清楚楚，这样做

4. 幸福不是从天上掉下来的，而是从自己心里长出来的

只会给你带来无尽的烦恼，影响你的生活，所以做人还是"糊涂"点为好。

在风景如画的苏州，住着一位米小姐，由于受父亲的影响，她对玄学有着浓厚的兴趣，以至于每次做生意或外出都要为自己占上一卦，看看运气怎样。有一次，她要去韩国谈一桩十分重要的生意，在出发前，她在家里又为自己算了一卦，卦面上的内容还不算差，于是她高高兴兴地出发了。到机场买好机票，还有几分钟剩余时间，米小姐走到电脑算命机旁边，"名字叫米云，体重103斤，要搭2点35分飞机去韩国……"她深感吃惊，因为上面写的内容除了体重103斤比她实际的体重多两斤外，其他完全正确，她觉得有人在开玩笑，于是又踩上去，投了一块钱硬币，接着，又掉下来一张命运卡：你的名字还是米云，体重仍是103斤，你还是要搭2点35分的飞机去韩国……她更纳闷了，她想："其他一切都那么准确，为什么偏偏体重多出了两斤？肯定是有人在故意捣蛋。"

米小姐决定捉弄一下对方，她到大厅的洗手间里换了一件套装，并在化妆上也稍加修饰，她相信现在的她就是妈妈见了也要看上一刻钟才识得出来。她再次踩上算命机，投下了硬币，命运卡又掉下来了："你的名字还是米云，体重还是103斤，不过你刚刚已经错过了2点35分的班机。"

这个故事听起来似乎有些荒诞，但是在现实生活中，确实有很多人都想不开，爱较真，结果因对一个自己明明心知肚明的道理或事情过分较真而耽误了生命的班机。

一些女性之所以不幸，就是因为她们太过认真，也太过敏感了，对待生活有时几近一种病态的苛刻。而这种苛刻又在很多时候是不

讲理或不正确的，就像有一则故事里所讲的那样。

某地有一个又懒又喜欢谈论别人的妇人，一天，她看见邻居晒在阳台的白被单沾满了许多黑点，便嘲笑说："我看这家女主人连衣服也洗不干净，不会理家，只会吃饭。"哪知当她推开自家的窗户一看，邻居的被单洗得又白又干净，这才发现原来是自家的窗户污秽不堪。所以，为了不犯这样的错误，我们不妨"糊涂"一些，这样不但可以平静地原谅了别人，有时也是对自己的一种保护和释放。

糊涂，人生的大学问也。怎样艺术地、高明地糊涂，是一门很深的学问。清代郑板桥为排遣自己一时的不得志，便得出了"难得糊涂"的结论，并进一步指出，"聪明难，糊涂难，由聪明而转入糊涂更难"。

通晓糊涂之奥妙的聪明，正如火车装上了制动器，可以安全可靠地向目的地进发。

不知糊涂之奥妙的聪明，固执死理，不通人情，会像书呆子一样经常碰壁。

掌握糊涂之奥妙的聪明，能"合乎天理，顺乎人情"，是真正的明智者，会处处受到欢迎。

"糊涂"是升华之后的聪明，是一种明哲保身的策略，如果你能学会这种"糊涂"之道，你的人生就一定会更顺遂。

4. 幸福不是从天上掉下来的，而是从自己心里长出来的

退一步想，寻找心的海阔天空

女人经历了一些事情之后，就应该懂得不是做什么事都可以往前"冲"，必要时应该后退一步，因为这样做你才能发现海阔天空。

就像我们不可能让世界上的每一个人都满意一样，我们的生活不可能处处都是鲜花，我们的成功之路也不可能一帆风顺，我们也不可能事事都比别人强。

那么，在我们的人生不是一帆风顺的时候，在我们的人生出现一些挫折的时候，在我们的面前不都是鲜花的时候，我们该怎么办？

这时候，不妨后退一步，你会发现海阔天空，人生照样美好，天空依然晴朗，世界仍是那么美丽。

1. 公司里人事调整，你原想这次你肯定升职，可宣布各部门人选的时候，你侧着耳朵听也没听到老板念你的名字。这样的时候，你先别生气，后退一步：毕竟没有被炒鱿鱼。然后想自己为什么没有被提拔，如果的确不是你的错，那就是老板没长一双慧眼，没发现你这颗珍珠，那损失的是老板而不是你。让他遗憾去吧！

2. 单位里职称评定，你差一点就评上了。可惜是可惜，但再可惜也没用了。这样的时候，你后退一步：这次差一点，下次就一点

不差了，回去再努力一年。这一年，你就有可能做出惊天动地的成绩。

3. 被公司老板给炒了。你心里肯定不如你炒他那么痛快，老板炒你肯定有他的理由，但你别去问，一问显得你没劲。你后退一步：毕竟只是被老板炒了，而不是被坏人杀了，只要大脑在，双手在，天下的老板多的是。实在不行，自己做老板。

4. 做股票。这支股票本来可以赚 5 万元，由于贪心，只赚了 5000 元。你别光骂自己蠢，后退一步：毕竟还赚了 5000 元，而不是赔了 5000 元。下次不要太贪心就是了。要是这次赔了 5000 元，也后退一步：毕竟只赔了 5000 元，而不是全赔了进去，下次不犯类似的错误，再赚回他 5 万元就是了。

5. 生病。已经生病了，心情肯定会不好，但心情不好对你身体的康复只有坏处没有好处，因而尽量使自己不要沉溺在生病不好的心理中不能自拔，后退一步：毕竟只是生病，那就趁这个机会好好休息一阵，平时难得有这样的机会。

人生在世，不如意的事情肯定会有，因为世界毕竟不是你一个人的世界，造物主尽量要公平一些，不可能把所有的好事都摊到你的头上，也要适当考验考验你，看看你在不顺的时间里会是一种什么样子。如果你反应过激，他还会继续考验你，直到你能以一种平和的心态去看待、对待一时的不顺或者挫折。

以一种平和的心态去看待人生的不顺和挫折，并非是一种消极的心态。有时候，你后退一步，寻找到一种海阔天空的人生境界，这也是一种积极的心态。

4. 幸福不是从天上掉下来的，而是从自己心里长出来的

把药裹进糖里，就会好些

有人说：人之所以哭着来到这个世界，是因为他们知道，从这一刻起便要开始经受苦难。这话说得挺有哲理。可是，人的一生不能在哭泣中度过，发泄过后你是不是要思考一下：怎样才能让我们的人生走出困境，焕发出绚丽的色彩，让自己在生命的最后一刹那能够笑着离开？这，需要的是一种积极的心态。

在今天这种激烈的角逐面前，就算曾经在某一领域无往不利、叱咤风云的人物也难免惊慌失措，做出错误的判断。失败，只是人生的一种常态，不同的是，有些人在困境面前能够不受客观环境影响，不仅没有被击倒，反而将人生推上了更高的层次；有些人则很容易萎靡不振，把人生带入深渊。逆境，就是一种残酷优胜劣汰。

前者甚至可以被撕碎，但不会被击倒。他们心中有一种光，那是任何外在不利因素都无法扑灭的、对于人生的追求和对未来的向往；将后者击倒的不是别人，而是他们自己，是他们的思想中没有了信念，熄灭了心中的光。

心中有光，就会有信念，就会有力量！

曾见过这样一位母亲，她没有什么文化，只认识一些简单的文字，会一些初级的算术，但她教育孩子的方法着实令人称赞。

她家的瓶瓶罐罐总是装着不多的白糖、红糖、冰糖，那时候，孩子还小，每每生病一脸痛苦，她都会笑眯眯地和些白糖在药里，或者用麻纸把药裹进糖里，在瓷缸里放上一刻，然后拿出来。那些让小孩子望而生畏的药片经这位母亲那么一和一裹，给人的感觉就不一样了，在小孩子看来就充满诱惑，就连没病的孩子都想吃上一口。

在孩子们的眼中，母亲俨然就是高明的魔术师，能够把苦的东西变成甜的，把可怕的东西变成喜欢的。

"儿啊，尽管药是苦的，但你咽不下去的时候，把它裹进糖里，就会好些。"这是一位朴实的家庭妇女感悟出的生活哲理，她没有文化，但却很懂生活。

这是一种"减法思维"，减去了药的苦涩，就不会难以下咽。如今，她的孩子都已长大成人，也都有了自己的家庭，但每当情绪低落的时候，就会想起母亲说的那句话：把药裹进糖里。

她只是个普通的家庭妇女，在物质上无法给予子女大量的支持，但带给他们的精神财富却足以令其享用一生。她灌输给子女的是一种苦尽甘来的信仰，把生活的苦包进对美好未来的想象之中，就能冲淡痛苦；心中有光，在沉重的日子里以积极的心态去思考，就能够改变境况。

不知大家有没有读过三毛的《撒哈拉的故事》，那里充满了苦中作乐的情趣，领略过后，恐怕你听到那些憧憬旅行、爱好漂泊的人说自己没有读过"三毛"，都会觉得不可思议。

这本书包括序，一共14个篇章。用妈妈温暖的信启程，以白手起家的自述结尾。在撒哈拉，环境非常之恶劣，三毛活在一群思维

4. 幸福不是从天上掉下来的，而是从自己心里长出来的

生活都很原始的沙哈拉威人之中，资源匮乏又昂贵，但她却颇懂得做快乐的思考。尽管生活中有诸多的不如意，但只要有闪光点，她就会将其想象成诙谐幽默的故事，然后娓娓道来，引人入胜。

在序里，三毛母亲写道："自读完了你的《白手成家》后，我泪流满面，心如绞痛，孩子，你从来都没有告诉父母，你所受的苦难和物质上的缺乏，体力上的透支，影响你的健康，你时时都在病中。你把这个僻远荒凉、简陋的小屋，布置成你们的王国（都是废物利用），我十分相信，你确有此能耐。"

毫无疑问，三毛以及那位普通的母亲，都是对生活颇有感悟的人。其实，生活就是一种对立的存在，没有苦就无所谓甜，如果我们都懂得在不如意的日子里给痛苦的心情加点糖，就没有什么过不去的事情。

其实，我们完全可以把人生当成一个"吃药"的过程：在追求目标的岁月里，我们不可避免地会"感染伤病"，你可以把药直接吃下去，也可以把它裹进糖里，尽管方式有所不同，但只有一个共同的目的：尽快尽早地治愈病伤，实现苦苦追求的目标。将药裹进糖里减轻了苦痛的程度，在生命力不济之时不妨试试这个方法。

生活，十分精彩，却一定会有八九分不同程度的苦，一个成熟的女人，应该懂得苦中作乐。痛苦是一种现实，快乐是一种态度，在残酷的现实面前常做快乐的想象，便是人生的成熟。世界不完美，人心有亲疏，岂能处处如你所愿？让自己站得高一点，看得远一点，赤橙黄绿青蓝紫，七彩人生，各不相同；酸甜苦辣咸，五种滋味，一应俱全；喜怒哀乐悲惊恐，七种情感，品之不尽。成熟，就是阅尽千帆，等闲沧桑，苦并快乐着。

就算路上没有鲜花铺地，也要为自己且歌且行

生活免不了有些苦，但苦一点没什么，它会让你更懂得珍惜自己的所有，更懂得享受生活，你也就更能体味到生活的幸福滋味！

清清是一个、朴素的女孩，是个大学二年级的穷学生。一个男生喜欢她，但同时也喜欢另一个家境很好的女生。在他眼里，她们都很优秀，也都很爱他，他为选择自己的另一半很犯难。有一次，他到那个很穷的女孩家玩，当走到她简陋但干净的房间时，他被窗台上的那瓶花吸引住了——一个用矿泉水瓶剪成的花瓶里插满了田间野花。

他被眼前的情景感动了，就在那一刻，他选定了谁将是他的新娘，那便是摆矿泉水花瓶的那个女孩。促使他下这个决心的理由很简单，那个女孩子虽然穷，却是个懂得如何生活的人，将来，无论他们遇到什么困难，他相信她都不会失去对生活的信心。

雅莉是个普通的职员，生活简单而平淡，她最常说的一句话就是："如果我将来有了钱啊……"同事们以为她一定会说买房子买车，她的回答却令人们大吃一惊："我就每天买一束鲜花回家！""你现在买不起吗？"同事们笑着问。"当然不是，只不过对于我目前的收入来说有些奢侈。"她也微笑着回答。一日，她在天桥上

4. 幸福不是从天上掉下来的，而是从自己心里长出来的

看见一个卖鲜花的乡下人，他身边的塑料桶里放着好几把雏菊，她不由得停了下来。这些花估计是他从乡下批来的，又没有门面，所以花卖得很便宜，一把才5元钱，如果是在花店，起码要15元！于是她毫不犹豫地掏钱买了一把。

她兴奋地把雏菊捧回了家，在她的精心呵护下这束花开了一个月。每隔两三天，她就为花换一次水，再放一粒维生素C，据说这样可以让鲜花开放的时间更长一些。每当她和孩子一起做这一切的时候，都觉得特别开心。一束雏菊只要5元钱，但却给雅莉和家人带来了无穷的快乐。

关琳是某大型国企中的一名微不足道的小员工，每天做着单调乏味的工作，收入也不是很多。但关琳却有一个漂亮的身段，同事们常常感叹说："关琳如果穿起时髦的高档服装，都能把一些大明星比下去！"对于同事的惋惜之词，关琳总是一笑置之。有一天，关琳利用休息时间清理旧东西，一床旧的缎子被面引起了她的兴趣——这么漂亮的被面扔了实在可惜，自己正好会裁剪，何不把它做成一件中式时装呢？等关琳穿着自己做的旗袍上班时，同事们一个个目瞪口呆，拉着她问是在哪里买的，实在太漂亮了！从此以后，关琳的"中式情结"一发不可收拾：她用小碎花的旧被单做了一件立领带盘扣的风衣，她买了一块红缎子面料稍许加工后，就让她常穿的那条黑长裙大为出彩……

三个身处不同环境的平凡女人有一个共同点：她们都能从平凡的生活中找到属于自己的幸福。清清很穷，但她却懂得尽力使自己的生活精致起来；雅莉生活平淡，她却愿意享受平淡的生活，并为生活增添色彩；关琳无法得到与自己的美丽相称的生活，但她没有

丝毫抱怨，还尽量利用现有的东西装点自己的美丽。所以，最快乐的人并不是一切东西都是美好的，她们只是懂得从平淡的生活中获取乐趣而已。

其实，世界上的大多数人都并不伟大，但平凡的人生同样可以光彩夺目。因为任何生命——平凡的生命和伟大的生命，都是从零开始的，只是平凡的人离零近些，伟大的人离零远些。

追求平凡，并不是要你不思进取，无所作为，而是要你于平淡、自然之中，过一个实实在在的人生。平凡乃人生的一种境界。肤浅的人生，往往哗众取宠、华而不实、故弄玄虚、故作深沉；而平凡的人生，往往于平淡当中尽显本色，于无声处彰显精神。平凡，从某种程度上来说，表现为心态上的平静和生活中的平淡。平淡的人生犹如山中的小溪，自然、安逸、恬静，平凡的人生也无须雕琢，刻意雕琢就会失去自然、失去本性。

做平凡人是一种享受：享受平凡，勤耕苦作有收获，不求名利少烦恼；享受平凡，看海阔天空，飞鸟自在翱翔；看山清水秀，无限风光在眼前；享受平凡，不是消极，不是沉沦，不是无可奈何，不是自欺欺人；享受平凡是因为平凡中你才能体会到生活的幸福和可贵，幸福不是腰缠万贯、豪华奢侈，幸福不是位高权重、呼风唤雨，幸福是对平凡生活的一种感悟，只要经历了平凡，享受了平凡，你就会发现：平凡才是人生的真境界！

5.
困难大家都有，
但内心强大的人可以不受苦

困难大家都有，痛苦每个人也都会有，只要是人，这些都是无可避免的，但是内心强大的人可以不受苦。

女人，并非天生的弱者

对于女人来说，如果在你所面对的人和事面前自己先矮三分，那就只有跟在别人身后的份儿了。

时至今日，女人在某些情况下仍是处于弱势，在以男性为主体的社会里，我们不得不承认这一点，但女人不应该甘心做一个弱者。女人只能承认"弱"是体能的差别，而不是地位的低下。女人与男人相比，是生理上的差异、力气上的柔弱，但这并不能妨碍女人变得坚强。女人首先要看得起自己，尊重自己，才能让别人、让男人看得起，并得到尊重。女人不要为了苛求庇护，而"弱"到没有精神、没有气概，那最后就真的会落得一无所有了。

"女人啊，你的名字是弱者！"莎士比亚对女人的诠释使多少女人为自己的软弱、顺从和屈服找到了足够的安慰。让她们把自己定位于弱者的角色上，甘愿承受许许多多不公平，殊不知，被打上弱者烙印的女人，所面临的却是廉价的同情、无情的淘汰和粗暴的践踏。正如文学巨匠巴尔扎克所说："女人的苦难，任何时候都比男人多。"

提起京城地产大鳄潘石屹，恐怕无人不知、无人不晓，而对与潘石屹并肩开创事业的妻子张欣，很多人都不甚了解。其实，在潘

5. 困难大家都有，但内心强大的人可以不受苦

石屹与他的伙伴们创业的过程中，张欣起到了相当关键的作用。能够起到这样的作用，靠的就是一股勇做强者的气势。

在进入潘石屹的公司之前，张欣在外国大企业已工作了多年。

公司里的几位潘石屹的合作者，都没有上过名牌大学，也都没有和外国人打过交道，也没在国外工作生活过，可是那群清一色的男人帮，都是在房地产界摸爬滚打了好几年的中国第一代房地产商，他们根本就没把她这个从未盖过房子，不懂什么是建筑，刚刚回国不了解中国行情的女人看在眼里。心里不服气地说："凭什么我们要按她提的方案去做？"

的确，面对高达上亿的资金，不是让谁拿着去玩的，她的斗争就更史无前例。

每天上班，她就像是上战场。她要和公司里的所有人吵，说服公司的合作者，相信她是对的。回家后，她又跟老公潘石屹继续吵。生活和工作就像是一个圆圈儿，连个出口都没有，她心里堵得慌。每次吵急了，收拾一下东西她就想拔腿一走了之，可转念一想：如果就这么走了，那就等于说她此次选择来大陆，或者说选择和潘石屹绑在一起开公司，选择进入房地产界都是错的。不行，哪能这么容易就认输了呢？

不轻易服输的她，每次都告诫自己，一定要坚持下来！

每一次冲突之后，她都强制自己冷静下来，仔细想一想，冲突的根由到底在哪里，是因为自己的管理理念确实让公司的老员工无法接受，还是自己的想法真的无法适应项目实际运作的需要？善于分析与总结的张欣正是在这样一步步的磨合之中，坚持着，既坚持着自己的理念，又在实际工作中协调着自己完美的执着。

当有朋友问及张欣，有一个能干的老公，又有一个幸福美满的家庭，为何还要在事业上坚持不懈地追求？还要自己辛辛苦苦地管理公司？不如放弃算了。张欣则回答说："我回国的初衷就是要做一番事业，就是要实现这个想法，如果因为工作之中有磨合，就放弃自己当时的选择，放弃自己追求的初衷，那我认为自己放弃了努力，就失败了，就等同于当初的选择就是一个失败。这不是我的性格，我不会这么做。"

工作就在这样僵持的状态下进行着，而实际上他们又都在寻求双方都认可的解决方式，最后她从大局考虑，接受潘石屹一块一块启动的思路，一栋一栋与人合作，但在整个操作、设计施工上，都由她一个人负责，这样，就等于把它又变成了一个大项目，从而可以保持其整体性。

在现代城之前，京城地产界卖期房的惯例是只能给客户看图纸，反正房子都千篇一律，都八九不离十，样板间也是大同小异，没有谁觉得房子还能盖成别的样。这时，她提出要做现代风格的极少主义的样板间，而且坚持到底。

在样板间完工的前两天，工程总监找到她说，不行，以这种现代风格的极少主义展示的样板间，没有任何装修，显得这房子档次太低，肯定卖不出去。于是大家慌忙跑到现场察看，结论是这个样板间确实得拆。

她也急了，赶紧向董事们保证："两天后看成品，真不行的话，我从此再也不对这个项目发表任何个人观点了。"

在场的人是将信将疑地同意给这个执拗的女人一个机会，其实，他们潜意识里是想给她一个证明是自己错了的机会，从此不再插手

5. 困难大家都有，但内心强大的人可以不受苦

工程上的事。

但两天后，董事们再次走进样板间，全体都惊呆了！他们从来没在中国人自己的房子里见过这种档次、品位的装饰，非常纳闷：都是泥瓦板梁，她怎么就能搞出这种格调呢？而这几个样板间产生的市场反馈就更出乎意料了：购房者连夜排队交定金，那阵势真让人激动万分。

也正是从这时起，她才真正在公司奠定了自己的不可取代的位置。后来，她对朋友说起这些，总是目光坚定，神态自若，"如果你相信你是有实力的，就不能示弱。你就要证明给别人看！"

证明给别人看，更要证明给自己看。"女人靠自己"，不是一句装点门面的空话，它需要你在生活、工作以及待人处世的每一件事情上付诸行动。女人完全可以靠自己——只要你的内心能够充实和强大起来。

女人，生来并非注定就是一个弱者，要敢于和男人一样面对世间的风风雨雨，迎接生活的艰辛挑战，胸怀大志，不向现实低头，以强者的姿态走入人生的河流之中，也定能激起惊涛骇浪，由此创造自己可以紧紧把握的幸福。

胆怯是来自内心的魔鬼

命运是公平的,每个人都可以在人生舞台上找到适合自己的角色,只要有一颗勇敢的心,别人所认为的缺陷也可以成为一种别样的美丽。

胆怯是来自内心的魔鬼,它会毒害你,扼杀你的信心、勇气,让你变成一个彻头彻尾的胆小鬼。因此你必须消灭它,这样,你才能活得轻松快乐。

胆怯是影响女人高兴和痛苦的一种心理活动,由于它的外在表现影响到人的交往和个人魅力的展现,人们才觉得需要克服它。

在做一件事前,很多人常会对自己说:"算了吧!这是不可能的。"其实所谓的"不可能",只是他们不敢去面对挑战的借口,只要你大胆地去尝试,你就可以把很多"不可能"变成轻而易举的事。

大多数女人认为不可能做到的事肯定是十分困难,甚至是难以想象的事。因为太难,所以畏难;因为畏难,所以根本不敢尝试;不但自己不敢去尝试,认为别人也做不到。

其实,世上没有什么不可能办到的事,办成只是个时间问题。客观上没有"不可能",并不等于主观上没有"不可能",如果主观

5. 困难大家都有，但内心强大的人可以不受苦

上认为"不可能"，那就真的不可能了；主观上认为"可能"，那么，任何暂时的"不可能"终究会变成"可能"。

李岚从小就受过正统音乐的训练，但开始唱歌却是最近几年的事，从前有人甚至声称她没有唱歌的天赋，因为她的声音里有一种沙哑的味道，而这些味道是当时流行乐坛所没有的。但李岚的音乐才能并没有被无情的嘲讽所埋没，她也没有因为被别人否定、自己的嗓音不好而自卑，相反，这更激起了她学习音乐的热情。开始她以填写歌词为主，那时她正在南加大电影学院专攻剧本创作，偶尔的机会她进了录音棚并引起了别人的注意，于是便加入了巡回演出的爵士乐团，开始了真正的演唱生涯，1998年无疑是她音乐事业的一个转折点，Epic唱片公司与李岚签约，开始着手准备《On How Life Is》专辑的录制工作，这张专辑的音乐风格极具多样化，Hip-Hop、黑人灵歌、说唱、疯克、摇滚等乐风的有机结合不得不让人赞叹不已，音乐整体风格呈现出一种悠闲自得、一气呵成的特点，使听者的情绪随着音乐的节奏和曲调不断变换，质感十足且细致入微的声音和巧妙的编曲尤其让人陶醉……

世上没有什么不可能。既然上天安排我们来到这个世界，就需要为自己精彩地活着找一个充足的理由。"天生我材必有用"。只要我们相信自己，认可自己，勇敢地展现自己，成功就有可能会不经意间向我们靠拢；即使失败了，那也很有可能是下一个成功的开始，曾记得，前可口可乐公司总裁古兹维塔曾说过这样一句话："我因为做我自己而有今日，未来我也仍将如此。"

其实，很多时候我们与成功无缘，并不是因为我们长得丑、脑

子笨、家境差,而是在事情开始之前我们就错误地以为自己不行,低人一等。不自信才是成功的最大"杀手"。而不自信正是因为我们太懦弱,太容易向周围的意见和评价屈服。

泛华集团的创始人、首席执行官潘杰客说过这样一段话:"其实,所谓名人并没有什么统一的标准,也许,名人就是心灵自由的人。相比较他们头上的光环,他们身上那种很自信、很自我的状态,才是最让人羡慕的东西。"

胆怯是人生成功的大敌,它会损耗你的精力,折磨你的身心,缩短你的寿命,让你失去信心,阻止你获得人生中一切美好的东西,克服它你才能给自己赢得一次成功的机会,如果你不愿失败,就立即行动,向胆怯挑战吧!人生的路很漫长,如果你一直都无法面对心底的这个魔鬼,到头来后悔都来不及了。

敢于直面胆怯,克服你的胆怯心理,人生便不再永远黑暗,敢于争取的女人才会给自己争取成功的境界里以一席之地,如果你无法战胜自己的胆怯心理,幸福也就会与你擦肩而过。

女性朋友要知道,在我们成功之前,任何人都可以贬低、抹杀甚至放弃我们,但是,唯独我们自己不可以。请记住这句话:人人都要有一颗勇敢的心!

5. 困难大家都有，但内心强大的人可以不受苦

希望和乐观引导你走向胜利

　　一个被"悲观心态"困扰的女人，纵然嘴里可能时常在念叨成功、幸福、好运，但因为她心中充满着恐惧、畏怯、消极、怠慢等消极心理，这一切都变得虚无缥缈。

　　哲人说，在女人一生的航程中，悲观心态者一路上都在晕船，无论目前境况如何，她们对将来总是感到失望、担心，无法感受快乐、好运和幸福，更谈不上充分享受人生旅程中美好的风光了。

　　世界上最伟大的发明家爱迪生面对烧毁的实验室，并没有伤心和悲观，而是和同事说："不要紧的，大火烧掉了房子，把我们的错误也烧掉了。"他在困境中看到的更多的是希望。

　　美国作家富兰克林曾说："世界上有两种人，他们的健康、财富以及生活上的各种享受大致相同，结果，一种人是幸福的；另一种人却得不到幸福。"他又说，"他们对人、事、物的观点不同，那些观点对于他们心灵上的影响因此也不同，苦乐的分别主要也就在此。"

　　那么，这两种人平时所关注的是什么呢？他又说："乐观的人所注意的只是顺利的际遇、说话之中有趣的部分、精制的佳肴、美味的佳酿、晴朗的天空等，同时尽情享受，悲观的人恰恰与

121

他们相反。"

哲人说，世间美好的东西尽为乐观者所有，造物者派给他们的使命就是要他们尽情地占有和享用美好；悲观的人，一生都在失去，失去快乐、希望、前程和美好的人生。

乐观和悲观是人生的两种态度，拥有乐观心态的女人，看任何事情都能看到事物的长处，看到对自己有利的一面，从而看到希望；悲观的女人看问题总是盯着事情不好的一面，越看越烦，越看越消极沮丧。

乐观者认为，每一件事情都有它积极的意义，即使是坏事，也能发现它对人生的教益。因此，每个女人都应当主动做个乐观的人，别让悲观的心态长期主导自己的心理和行为。

乐观与悲观这两种截然不同的心态在每个女人的心中都会交替出现，没有谁能保证自己时刻都是积极的、乐观的。但在更多的时候，我们要引导自己以乐观的心态看待发生在自己周围的事情。

一位挑水的农妇有两个用了很久的水桶，分别挂在扁担的两头，其中一个桶有裂缝；另一个则完好无缺。在每趟长途的挑运之后，完好无缺的桶，总是能将满满一桶水从溪边送到主人家中，但是有裂缝的桶到达主人家时，却剩下了半桶水。

两年来，就这样挑水农妇每天挑一桶半水到主人家。当然，好桶对自己能够装满整桶水感到很自豪。破桶呢？对于自己的缺陷则非常羞愧，对自己的命运感到悲哀，它为只能负起一半的责任，感到非常难过。

饱尝了两年失败的苦楚，破桶终于忍不住，在小溪旁对挑水农妇说："我很惭愧，您还是抛弃我吧。""为什么呢？"挑水农妇问

5. 困难大家都有，但内心强大的人可以不受苦

道："你为什么这么想呢？""过去两年，因为水从我这边一路地漏，我只能送半桶水到您主人家，我的缺陷，使您做了全部的工作，却只收到一半的成果。"破桶说。挑水农妇富有爱心地说："我们回到主人家的路上，我要你留意路旁盛开的花朵。"

果真，她们走在山坡上，破桶眼前一亮，看到缤纷的花朵，开满路的一旁，沐浴在温暖的阳光之下，这景象使它开心了很多！但是，走到小路的尽头，它又难受了，因为一半的水又在路上漏掉了！破桶向挑水农妇道歉。挑水农妇温和地说："你有没有注意到小路两旁，只有你的那一边有花，好桶的那一边却没有开花呢？虽然你只能为我装半桶水回到目的地，但却浇灌了一路美丽的花草。每回我从溪边来，你就替我一路浇了花！两年来，这些美丽的花朵装饰了主人的餐桌。如果你不是这个样子，主人的桌上也没有这么好看的花朵了！"

生活中的很多事情都如那个漏水的水桶一样，能够从不同的方面给予不同的评价，你乐观地看待某事，就能发现其中更多积极的意义，这样也能给自己带来更多的快乐。一切困难，就都可以克服了。

乐观之于人生，是浮荡在地平线那袅袅升起的期望与希冀，是寻得一份旷达与美好的铺垫与勇气。在乐观中撷取一份坦然，你的面前就会盎然多彩，若在悲观中摘下一片沉郁的叶子，只能瓦解你积蓄的力量。那些不停抱怨的悲观者，看到的总是事情灰暗的一面，即便到春天的花园里，他看到的也只是折断的残枝、墙角的垃圾；而乐观者看到的却是姹紫嫣红的鲜花、飞舞的蝴蝶，自然，他的眼里到处都是春天。

女人要明白，你越怕什么，就越会发生什么。因此，一定要懂得运用积极态度所带来的力量，要相信希望和乐观能引导你走向胜利。即使处境艰难，也要寻找积极因素，这样，你就不会放弃取得微小胜利的希望。

推开不一样的那扇窗

人生的旅途中，我们要面临很多事情，打开不一样的窗，就会看到不一样的风景，拥有不一样的心境，走向不一样的人生。如果一不小心，你推开的是那扇"让人不愉快的窗"，请马上关上它，并试着推开另一扇窗。

某镇上有一个小女孩儿，一天，她打开窗户，正巧看见邻居在打一条狗。那条狗平时常和小女孩儿在一起嬉戏，小女孩儿看着这悲惨的场面，不禁泪流满面，悲恸不已。她的母亲见状，便把小女孩儿领到另一个房间，打开了另一扇窗户。窗外是一片美丽的花园，明媚的阳光普照大地，鲜花开得五彩缤纷，蝴蝶和蜜蜂在花丛间飞舞。

小女孩儿看了一会儿，心里的愁云顿时一扫而空，心境重新开朗起来。母亲抚摸着女儿的头，说："孩子，你开错了窗子。"

人生路上，我们常会开错"窗"，并且又执拗地深陷其中无法自

5. 困难大家都有，但内心强大的人可以不受苦

拔，因而错过了另外一路好风景。

还有一个故事。一架客机在飞行中出现了故障，所有乘客大惊失色，有的不断祷告，有的痛哭咒骂，只有一个老太太神态自若。很幸运，不久之后，飞机故障排除了。事后，机长好奇地问老太太："您为什么可以如此镇静？"老太太说："飞机故障排除，我就可以去看我的小女儿；万一失事，我就可以见到我的大女儿了，她已在10年前去了天堂。"

老太太之所以拥有如此豁达的心境，是因为她开对了人生的窗。

其实，一个人生命中的得与失，总是守恒的。我们在一个地方失去，就一定会在另一个地方找回来。任何不幸、失败与损失，都有可能成为我们的有利因素。生活真的很公平，它可以将一个人的志气消磨殆尽，也能让一个人出类拔萃，就看你是怎样的一个人。

一个警察有着超人的听力，可以辨别不同时间、环境中发出声音的细微差异，比如能凭借窃听器里传来的嘈杂的汽车引擎声，判断犯罪嫌疑人驾驶的是一辆标致、本田，还是奔驰。他还会说7国语言。这些非凡的能力，使他成为警局中对抗恐怖主义和有组织犯罪的难得人才。

可谁能想到，这位超级英雄手里握的不是一支枪，而是，一支盲人手杖。

他叫夏查·范洛，是比利时警察局的一名盲人警察。

他曾一度在失明的痛苦和恐惧中沉沦。直至17岁那一年，他的人生获得了新生的力量。

有一天，他因判断失误，撞上了一辆响着铃的自行车。他愤恨，怪对方说自己是瞎子，他觉得是对方故意撞倒他的，而对方留下了

125

一句不经意却让他铭刻在心的话。

那人说，铃按得那么响，眼睛看不见，不会用耳朵听吗！

呆了好半晌，范洛才回过神来——终于，他想到了自己的耳朵。

现在，范洛从不忌讳别人说自己是盲人。他常说，正因为我看不见，我才会听到别人无法听到的声音！

"眼睛看不见，不会用耳朵听吗？"多么简单而精辟的哲理！上苍真的很公平，命运在向范洛关闭一扇门的同时，又为他开启了另一扇窗！

有太多太多的人在被某一天、某一刻，因某一件事改变了人生，生命的车轮折向了他们不想去的地方。他们慨叹失去，慨叹不公，把自己封锁在了早已设定的暗盒中。但是，不能啊，不能让精神世界的匮乏伴随自己走过余生！看看那些抓住"光明"扳转命运的人们吧——有一些失去，何尝不是人生另一段成功旅途的起点！

世上的任何事物都是多面的，不要只是盯着其中一个侧面，这个侧面让人痛苦，但痛苦大多可以转化。有一个成语叫"蚌病成珠"，这是对生活最贴切的比喻。蚌因体内嵌入沙粒而痛苦，伤口疼痛的刺激使它不断分泌物质疗伤，待到伤口复合时，患处就会出现一粒晶莹的珍珠。试想，哪粒珍珠不是由痛苦孕育而成的呢？所以，没事儿你就偷着乐吧！当你正经历风雨之时，想想风雨过后那明媚的阳光，想想那绚丽的彩虹，你是不是应该偷着乐呢？

5. 困难大家都有，但内心强大的人可以不受苦

逆境中，别忘了你还拥有选择的权利

人生中的磨砺，一串接一串，我们不断经受着失恋、失业、失家的考验。

人在困境中，思维多向两个方向转变：一是惰性，被困境所折服；二是韧性，抛却杂念，寻找一切机会改变所处的环境。我们需要明白，自己需要的是后者。

一个女孩整天抱怨她的生活，抱怨事事都那么艰难，她不知该如何应付生活，想要自暴自弃了。她已经厌倦抗争和奋斗，因为一个问题刚解决，新的问题就出现了。

她的父亲是位老厨师，父亲把她带进厨房，他先往3只锅里倒入一些水，然后放在旺火上烧。不久锅里的水烧开了。他往一只锅里放些胡萝卜，第二只锅里放入鸡蛋，最后一只锅放入碾成粉状的咖啡豆。他持续给3只锅加热，一句话也没有说。

女儿撇着嘴，不耐烦地等待着，纳闷父亲在做什么。大约15分钟后，他把火关闭了，把胡萝卜捞出来放入一个碗内，把鸡蛋捞出来放入另一个碗内，然后又把咖啡舀到一个杯子里。做完这些后，他才转过身问女儿："我的女儿，你看见什么了？""胡萝卜、鸡蛋、咖啡"，她回答。

他让她靠近些并让她用手摸摸胡萝卜。她摸了摸，注意到它们变软了。父亲又让女儿拿一只鸡蛋并打破它。将壳剥掉后，她看到的是只煮熟的鸡蛋。最后父亲让她喝一口咖啡。品尝到香浓的咖啡，女儿笑了。她低声问道："父亲，这意味着什么？"

他解释说，这三样东西面临同样的逆境——煮沸的开水，但其反应各不相同。胡萝卜入锅之前是强壮的、结实的，它毫不示弱，但进入开水后，它变软了、变弱了。鸡蛋原来是易碎的，它薄薄的外壳保护着它液体的内脏，但是经开水一煮，它的内脏变硬了。粉状咖啡豆则很独特，进入沸水后，它倒改变了水。"哪个是你呢？"他问女儿，"当逆境找上门的时候，你该如何选择呢？你是胡萝卜，是鸡蛋，还是咖啡豆？"那么，读者朋友你呢？你是看似强硬，但遭遇痛苦和逆境后畏缩了，变软弱了，失去力量的胡萝卜吗？你是内心原本可塑的鸡蛋吗？你是个性情不定的人，但是经过死亡、分手、离异、失业，是不是变得坚硬了，变得倔强了？你的外壳看似从前，但是你是不是因有了坚强的性格和内心而变得顽强、坚忍了？或者你像是咖啡豆吗？努力改变了给它带来痛苦的开水，并在它达到高温时让它散发出最佳气味。水越烫，它的味道越好了。如果你像咖啡豆，你会在情况最糟糕时，变得有出息了，并使周围的情况改变好了。问问自己是如何选择的。你是胡萝卜，是鸡蛋，还是咖啡豆？

人从生下来那天开始，便成为世界上一个独立的个体。开始吸收这个世界上自己最希望得到的各种养分，享受生命过程中的各种愉悦，当然，也会经受生命过程中的各种磨砺。

任何一个人都有追求幸福、获得快乐的欲望。把握一些细节，

5. 困难大家都有，但内心强大的人可以不受苦

可以更多地享受人生的快乐，减少生活的磨砺。我们应该把磨砺缩小，将几乎没有的希望和幸福放大。遇到逆境时，请别忘记，你还有选择的权利，是征服逆境还是被逆境征服？全在你的一念之间。

任何艰难都会为进取者让路

  人生因为有进取之心而变得充实，人生因为有进取之心而变得精彩。进取性格的宝贵意义就在于，它能使你不愧于自己的一生，为自己带来成功和欢乐。

  很多女人，尽管出身微寒，或身患残疾，抑或饱受折磨，但是她们仅仅凭借进取心，勇敢地挑起了生活重担，她们充分地开发和利用了生命中被赋予的巨大潜能，从而成就了一生的梦想。

  原TCL集团副总裁吴士宏就有着鲜明的进取型性格，她的成功史，是一部坚强女人不畏困难的奋斗史：她没有被疾病吓倒，没有被学习中的困难所累倒，她用超过常人的进取精神催促自己前进，用自信和坚毅与自己赛跑，从中领悟超越自我的含义；她就像高尔基笔下的在暴风雨中逆风飞扬的那只海燕一样，无畏风雨，在艰难困苦中始终奋发向上。

  年幼的吴士宏头脑聪明，胆子大，爱运动。不幸的是，一场大病从天而降，打乱了她原本计划好的一切。整整4年，三次报病危，

她始终躺在病床上承受着病痛与孤寂的折磨。这场使她身心备受折磨的"病",让她恍如隔世。4年后,她终于从病中得到了解放。大病初愈的她并未因自己的不幸对生活产生怨言,而是觉得自己的生命只能重新开始。于是,从那时开始,吴士宏便萌发了一个想法:要做一个成大事的人。

考大学还有机会,但不属于她。因为她没有钱、没时间。生病的4年没有任何收入,却花费很多医药费,就算考上大学,没有工资还得自负生活费,太不现实了。于是,她决定选择一条"捷径"——参加高等教育自学考试,以此来彻底改变自己的生活。对吴士宏来说,自学并不是最高效的方式,是因为别无选择。她有一个目标:把病中耗费的4年时间补回来。她选了科目最少的英文专业。书可以借一部分,要买的只有几本;要省钱,还可以听收音机。从此,她开始拼命,用自己的进取心和不顾一切的努力去拼搏。吴士宏的英文是从头学的,花一年半拿下了大专,吴士宏感触最深的两个字是"真苦"!她每天挤出10个小时的时间用在学习上,自考文凭考下来了,她最得意的是"赚"回了点时间。

此后,学业完成后的吴士宏因一个意外的机缘到了IBM。一开始她做的是"行政专员",这工作与打杂无异,什么都得干。身处一群无比优越的真正白领阶层中,吴士宏感到了巨大的压力,常常觉得自己没有能力,没有价值。

但吴士宏是一个善于"成长"的人。她始终不断地学习、实践、超越,再学习、再实践、再超越。刚进IBM时,吴士宏几乎什么都不会,连打字都得从头学起,她拼命努力学习一切相关的东西。她开始做销售的时候,感觉到专业知识是第一大障碍,"培训毕业只是

5. 困难大家都有，但内心强大的人可以不受苦

个模子，要把客户的具体要求套进去再做出方案来，没那么容易！"在这过程中，她给自己定下了要"领先半步"的目标，她时常还有这样的想法，"不把自己累到极点，就觉得不够努力，对不住自己"，吴士宏对自己始终要求严格。因此，吴士宏在办公室里晕倒过，吐过血，犯过心绞痛；还专门在抽屉里备着闹钟，一个星期总有几次熬到凌晨两三点。就这样，在付出了辛苦和心血之后，她终于发展了第一个大客户——中远。中远的运输公司业务是 IBM 主机，外轮代理全部是 IBM 小型机系列。1994 年，吴士宏去了 IBM 华南公司，她在那里成功地带起了一支队伍，与大家一起成长，一起做出了辉煌的业绩。

历史上，所有的成功者之所以能够激发潜能、成就梦想，都是因为他们怀有勇敢面对，大胆挑战生命中那些阻碍他们发挥潜能的缺陷和困难的进取心。当一个女人怀有强烈的进取心时，那么，在她的人生中，无论遭遇恶劣的情况，还是碰到难以克服的障碍，她都会克服一切阻力，找到自己的出路，并实现人生的价值。

从另一方面看待你的伤口

我们一生，要走很远的路，有顺利坦途，有荆棘挡道；有花团锦簇，有孤独漫步；有幸福如影，有痛苦随行；有迅跑，有疾走，

有徘徊，还有回首……正因为走了许多路，经历了无数繁华与苍凉、喜悦与落寞，我们才能在时光的流逝中体会岁月的变迁，让曾经稚嫩的心慢慢地趋于成熟。

其实，苦是生活的原味，累是人生的本质。你走得再远，爬得再高，也脱离不了苦与累的纠缠。人生就是一种承受、一种压力，你能在负重中前行、障碍中奋进，无论走到哪里，你都能够支撑自己。所以失败时就多给自己一些激励，孤独时就多给自己一些温暖，让自己的心灵轻快些，让自己的精神轻盈些。因为你心情的颜色会影响世界的颜色。如果我们，对生活抱有一种达观的态度，就不会稍不如意便自怨自艾，只看到生活中不完美的一面。我们身边大部分终日苦恼的人，或者说我们本人，实际上并不是遭受了多大的不幸，而是自己的内心素质存在着某种缺陷，对生活的认识存在着偏差。

有位女士前去闺蜜家做客，才知道闺蜜3岁的儿子因患有先天性心脏病，最近动过一次手术，胸前留下一道深长的伤口。

闺蜜告诉她，孩子有天换衣服，从镜中看见疤痕，竟骇然而哭。

"我身上的伤口这么长！我永远不会好了。"她转述孩子的话。

孩子的敏感、早熟令她惊讶，闺蜜的反应则更让她动容。

闺蜜心酸之余，解开自己的腰带，露出当年剖腹产留下的刀口给孩子看。

"你看，妈妈身上也有一道这么长的伤口。"

"因为以前你还在妈妈的肚子里的时候生病了，没有力气出来，幸好医生把妈妈的肚子切开，把你救了出来，不然，你就会死在妈妈的肚子里面了。妈妈一辈子都感谢这道伤口呢！"

5. 困难大家都有，但内心强大的人可以不受苦

"同样地，你也要谢谢自己的伤口，不然你的小心脏也会死掉，那样就见不到妈妈了。"

感谢伤口！——这四个字如钟鼓声直撞心头，她不由低下头，检视自己的伤口。

它不在身上，而在心中。

那时节，她在工作上屡遭挫折，加上在外独居，生活寂寞无依，更加重了情绪的沮丧、消沉，但生性自傲的她不愿示弱，便企图用光鲜的外表、强悍的言语加以抵御。隐忍内伤的结果，终至溃烂、化脓，直至发觉自己已经开始依赖酒精来逃避现状，为了不致一败涂地，才决定举刀割除这颓败的生活，于是，她辞职搬回父母家。

如今伤势虽未再恶化，但这次失败的经历却像一道丑陋的疤痕，刻划在胸口。认输、撤退的感觉日复一日强烈，自责最后演变为自卑，使她彻底怀疑自己的能力。

好长一段时日，她蛰居家中，对未来裹足不前，迟迟不敢起步出发。

闺蜜让她懂得从另一方面来看待这道伤口：庆幸自己还有勇气承认失败，重新来过，并且把它当成时时警惕自己、匡正以往浮夸、矫饰作风的记号。

她觉得，自己要感谢朋友，更要感谢伤口！

我们应该佩服那位妈妈的睿智与豁达，其实，她给儿子灌输的人生态度，于我们而言又何尝不是一种指导？人生本就是这样——它有时风雨有时晴，有时平川坦途，有时也会撞上没有桥的河岸。苦难与烦恼，亦如三伏天的雷雨，往往不期而至，突然飘过来就将

我们的生活淋湿，你躲都无处可躲。就这样，我们被淋湿在没有桥的岸边，被淋湿在挫折的岸边、苦难的岸边，四周是无尽的黑暗，没有灯火、没有明月，甚至你都感受不到生物的气息。于是，我们之中很多人陷入了深深的恐惧，以为自己进入了人间炼狱，唯唯诺诺不敢动弹。这样的人，或许一辈子都要留在没有桥的岸边，或者是退回到起步的原点，也许他们自己都觉得自己很没有出息。然而，人活着，总不能流血就喊痛，怕黑就开灯，想念就联系，疲惫就放空，被孤立就讨好，脆弱就想家，人，总不能被黑暗所吓倒，终究还是要学会长大，最漆黑的那段路终是要自己走完。

　　所以，如果说，现实已然无法改变，那我们就改变自己，平安是福，但谁也不可能平安一生，这生活总是要过的，我们犯不着与生活闹脾气，与其给自己拧上一个心结，还不如好好享受这个过程——不是在眼泪中沉沦，而是在磨难中崛起。当然，我们未必一定能够得到想要的结果，但只要你用心努力过，这就够了，没有成功也是收获。倘若我们将追求成功看作是开花结果，那毫无疑问，成功就是果实，追求就是种子从发芽，到花开、结果的美丽过程。但事实上，并不是每一朵花开，都有果实收获，人生只要绽放过美丽，我们就足以在生命的最后一刹那依旧满面笑容。

5.困难大家都有，但内心强大的人可以不受苦

不要试图靠眼泪征服世界

在《红楼梦》中，有一位整天以泪洗面的林妹妹，她期待美好的爱情，可面对世俗的压力，却只能将爱情淹没在自己的泪水中。在某些情况下，女性的泪水能博得些许的同情，但要想从根本上改变现状，只靠泪水是远远不够的。

女人也许用过世界知名品牌玫琳凯化妆品，但人们可能不知道，玫琳凯正是在泪水中站立起来，创立了以自己的名字命名的化妆品公司的。

玫琳凯17岁结婚，她有了3个孩子之后，便被丈夫所抛弃。她沮丧、自卑、无精打采，渐渐地，身体也常觉不适。几位医生诊断说是风湿性关节炎，专家们预言，她很快就会完全瘫痪。

虽然走投无路，但为了3个尚需抚养的孩子，她擦干眼泪，仍然挣扎着为一家直销产品公司服务，因为每举办一次销售演示聚会，便可挣10～12美元。为了这10～12美元，再难，她都必须微笑地面对她的顾客。

奇怪的是，微笑，再微笑之后，她的身体渐渐好了起来，最后所有关节炎的病症都消失了。玫琳凯自嘲地说："原来上帝是喜欢笑脸的。"

为了保证家庭收支的平衡，她每晚必须去参加产品销售聚会。她的小儿子理查德总是会在其他孩子睡下后，偷偷溜到和他房间相邻的小阳台上，然后顺着靠近阳台的那棵大树上滑下去，坐在大门口的石头上等着她回家。以至于玫琳凯每次回到家门口的时候，都忍不住泪流满面。

就像在艰难岁月里，她曾是孩子们最有力的支撑和保护一样，当她流泪的时候，孩子们总是对她说："妈妈，不哭！你是最好的妈妈，最好的妈妈怎么能哭呢？"哭是没有用的，玫琳凯再次擦干了眼泪！

1963年的9月13日，玫琳凯母子二人用尽所有的积蓄，准备成立玫琳凯化妆品公司。可是，灾难再一次降临。就在公司计划开张前的一个月，玫琳凯的第二任丈夫因肺癌和心脏病，猝然离世。

这是她最深爱的男人，这个男人曾与她共度了14年的甜蜜时光，要知道，那是她一生中最受宠爱的日子！但这一切都结束了。

当年，那个坐在大门口等她回家的小儿子理查德，这时已经成为了她最得力的助手和朋友。他为母亲擦干眼泪，说："妈妈，哭是没有用的！神与我们同在，请勿放弃！"

玫琳凯点点头，她强忍着悲伤，尽量不让自己的眼泪再掉落。毕竟，剩下的路，她还得走下去。在她坚强信念的带领下，公司安然地度过了创业期，而且，很快便成长为美国一家颇为著名的企业，随着公司名声的扩大，玫琳凯本人也成为了美国一名具有典范意义的成功女性。

玫琳凯·艾施用她坚韧的心，告诉所有遭遇不幸的女人，不哭泣！哪怕生活是一个悲剧，也要表现出你莫大的勇气。

5. 困难大家都有，但内心强大的人可以不受苦

曾经有一天，和往常一样，玫琳凯的美容工作室，又响起了敲门声。

玫琳凯打开门，吓了一跳，她从未见过如此高大的女人。至少有6英尺6英寸（约1.98米）高，穿着一条黑色的紧身裤和一件黑色的圆翻领毛衣。她的衣服和裤子绝不相配！她的脸上全然没有化妆。

美容顾问开始给这个女人做有史以来最快的美容和化妆。当化完妆，美容顾问把一个可爱的金色假发戴在这个女人的头上之后，一切看上去华丽极了。

最后，这位女人流着眼泪坐在镜子前，她说："这是我一生中第一次变得这么漂亮！"

但是，这个女人没有钱，她取下自己的结婚戒指——她最珍贵的财产——抬头望着玫琳凯："你能让我回家，让我的丈夫看到我这个样子吗？只一次，我拿我的结婚戒指当抵押。"

玫琳凯告诉她，如果成为玫琳凯的美容顾问，只要努力，就会赢得一切……

而后，那个女人果真满怀希望地加入了玫琳凯公司，在玫琳凯的帮助以及她本人的勤奋之下，她果然赢得了一切，包括那些漂亮的化妆品以及她那良好的精神状态。

每一个女人都渴望着美丽，玫琳凯不但给予了她们美丽，还给予了她们一个温暖的信念：如果你对自己有所不满，那就回到上帝的画架上去吧，因为上帝还没有把你画完。

越来越多得不到帮助、找不到出路的女人，靠着玫琳凯的事业，不仅为家庭带来了额外的收入，并让自己越来越自信优雅，当然她

们也付出了同样多的艰辛和泪水。

带着执着的信念，玫琳凯带领着千千万万不甘平庸、渴望成功的女性，坚定不移地往前走。她像一个美丽的皇后，用她的热忱、爱和欢笑，改变了千千万万女性的生命，也改变了自己的命运。

行动拯救了玫琳凯，行动拯救了那位被生活所困的高个子女性，行动也能让所有不相信眼泪的女人站立起来。请记住吧，在人生的路上，没有人是可以让你百分百依靠的——父母易老、婚姻易变，世事难料，唯一可以依靠的只有你自己。

女人要靠自己成功，这个道理谁都明白，可实施起来有相当大的难度，因为现实生活中越是有所追求的女人，越会遇到更多的艰难险阻。女人在社会中行走，如果有心要成就一番事业，就千万不要在别人面前亮出你的底牌，要学会控制你激动的情绪，不要乱发脾气，不要轻易掉眼泪，要懂得如何"伪装"自己的心情、掩饰自己的表情，要勇敢地去面对失败和压力。只有这样，我们才能赢得别人的认可，才能顺利开展工作，才能为自己赢得那片深邃湛蓝的天空。

所以，女人不要轻易地宣泄自己的脾气，因为你不能让自己一时的冲动毁掉了自己长远的发展。我们学着擦干眼泪，因为明天的明天也许会经历更多的艰难。我们要学会坚强，学会勇敢，要学会微笑着去应对未来所发生的一切，不管它是值得庆幸的，还是让人困惑的。我们要相信，当我们的步调越来越从容、越来越冷静，一切困难都不再会是困难，一切的一切都会过去。

5. 困难大家都有，但内心强大的人可以不受苦

心情再不好，也不要用酒精麻醉自己

当今社会，越来越多的女人开始饮用香槟、葡萄酒和各种甜酒，但问题也随着出现了。虽然戒酒专家说他们尚未发现饮酒的女人在统计数字上有所增长，但他们的确相信，18～25岁之间的女子饮酒最多，58%的酗酒者都属于18～29岁这个年龄段。下面，为大家来分析一下这种新型的酗酒行为。

除了对酒上瘾以外，女人酗酒一般存有两个原因：一是失恋；二是失意。

也许是他不爱她，无论她怎样付出、怎样苦苦地等待，她都得不到他，这让她感到绝望；也许是这个男人以前爱她但现在却又抛弃了她——这让她耻辱，假如是她抛弃他的话，她才不会酗酒，只会看着他酗酒而暗自感慨：没出息的东西，就知道喝酒，离开他就对了；也许是他事业不成功，让她在其他女人面前没有可以炫耀的资本，让她觉得丢人：看其他女人的衣服，人家的住房，再看看其他女人家的老公，再看看自己嫁的倒霉蛋，越想心里也不是滋味！

还有可能是他事业太成功；令很多女人都想来跟她分一杯羹，而他偏偏喜欢多吃多占，这让她危机、焦虑、愤怒——如果当初没有我，你哪有今天的成就？

总之，男人没有合她的意。

她酗酒，借酒发泄，大哭大闹，将痛苦淋漓尽致地展示出来，把美丽的自己撕裂给他看，在心底私处，无非是想引起他的注意，让他心痛、让他怜惜，从而做出让步，让她重新获得宠爱。可是，她打错了算盘。

我们来看看这个故事。

李玫是某个大公司的销售主管，人长得有几分姿色，抽烟，喝酒，喜欢撒娇，当然，唯一让人佩服的，是她十分聪明，她在技术方面的领悟力总是让人刮目相看。

某个单子李玫跟了一年，一年来，她每周都要陪准客户吃一次昂贵的饭，进行一次或洗或蒸或按摩或购物的消费，然而，到了最后的紧要关头，她突然发现自己可能没戏了——那个老男人，开始拐弯抹角地开导她，说一些假如这次中不了标，该如何办的话。

李玫十分伤心、郁闷。于是，李玫就在上飞机前和另一个男人开始喝酒。

李玫一杯一杯地喝，诉说一年来的投入，除了市场费用，还有感情投入。这时候，她的眼睛开始水汪汪起来，然而她很快忍住了。

一周一次的约会，称得上感情投入了。李玫和老公结婚的几年，二人见面基本也不过这个频率，这个女孩子为了拿订单，做得太苦了。

李玫一杯一杯地喝，一句不停地说，直嫌那个男人喝得慢。上飞机前，两人喝了11瓶啤酒。

这天航班晚点了，在候机楼的咖啡屋，那男人问李玫，还喝不喝？喝！为什么不喝？当时言语已经明显过多的她，又喝光了

5. 困难大家都有，但内心强大的人可以不受苦

两瓶啤酒。

然后，在空中飞行的三个小时中，整个机舱里弥漫着李玫的声音，她要来四瓶啤酒，缠着一个同行的男人，又喝又说，说的居然都是工作上的事。

飞机快降落时，李玫抱着脑袋，说头疼，耳朵嗡嗡响，什么也听不见，无助地像个孩子。

然而，走出机舱，她又突然快乐起来，张着手，轻盈地在人群中钻来钻去，飞快地向前跑。

在接机的人群中，她扑向她的丈夫，那个温文尔雅的男人拥着她，走了。

第二天中午，李玫打电话说，昨晚回家两人又喝，喝了不知多少瓶，喝光了门口小店的啤酒。她说，她心情不爽时就酗酒。

这个面色苍白的女人说她一周至少要喝高两次，因为她总是心情不爽，她说，自己在挥霍健康，挥霍青春。

厌恶？同情？

女人，何苦如此虐待自己。要知道：爱情、事业与酒无关。

李璐苦恋陈强好多年了，但是陈强只当李璐是他的红颜知己，可李璐不甘于此。两人的拉锯战一直打到现在。李璐四处飘零，但每年都要拿出几周的时间回到山西老家看他，两人见面难免喝酒，酒至酣处，李璐往往悲从中来，一次甚至把酒瓶子砸碎了往脑门上拍。李璐大声地质问陈强："这么爱你的女孩，为什么不娶？反正你也找不到心仪的人，不如娶个爱你的人，或许更幸福。"陈强说："不，你的性格的另一面很暴烈。女人不仅平时要淑女，酒桌上更要讲仪态和修养。喝酒本是一种享受，喝到心花怒放头飘飘脚飘飘最

好，既善待了自己，也不会辱没了酒的清凛仙气。非要借酒浇愁，喝到呕心呕肺面目皆非，把一件幽雅的事搞得俗不可耐的地步，简直就是自残自戕而不自爱，如果你一直这样，到时候和你结了婚，一旦出现什么问题你就开始酗酒的话，生活将无法继续。"

"酒桌上的仪态是女人修养的另一面"，瞧，这就是男人说的话！

在男人看来，女人酗酒远比他自己放浪形骸要可恶得多，非但不楚楚可怜，有时简直是面目可憎。不管你承认与否，在一些男人的眼里，女人多少都具有一定的观赏性，你不堪入目，他只有嫌弃，你痛得愈切，他厌得愈烈、逃得愈远。男人从不会反思自己、心疼对方：我怎么可以让她这么伤心？除了热恋时期——他只会伤心自己：她怎么变成这个样子了，他为自己曾经的美好印象被践踏而伤心，或为自己还要与这个疯子不得不厮守一生而生气。一般情况下，男人是不会原谅女人酗酒的行为的，也不会因此而让步。偶尔，男人让了步，除了怕麻烦以外，更多的是因为还不想失去她或现在还不能舍弃她，所以唯有假装原谅她做出让步，也借机给自己的良心一个交代：总算对她仁至义尽了。

酗酒的女人很少能得到男人的欣赏和真爱，而酗酒也从来就不是女人抓住男人的最好利器和最有效方法，这是最失败的选择，女人戒掉酗酒的习惯吧！不要让自己的另一半瞧不起自己。

6.
患得患失的人，不会有开阔的心胸

要做到内心强大，前提是看清身外之物的得与失，做淡定的自己。患得患失的人，不会有开阔的心胸，不会有坦然的心境，也不会有真正的勇敢。

女人，别让自己活得太累

现在的女人常有机会品尝"累"的滋味，工作太累（心理上的）、生活太累、感情太累，现代女性真的承受着那么大的压力吗？其实女人主要是心累，过分心累是太多杂念所致；如果女人懂得清除一些不必要的杂念，她就一定会活得轻松愉快。

Shirly 是一家跨国公司的财务总监，她拥有花园洋房、两部汽车，数不清的高级服装，每年来往于北京、香港、首尔、圣地亚哥之间，在外人看来这种要风得风要雨得雨的日子一定幸福极了。可 Shirly 却常向闺蜜抱怨自己的生活："我觉得很累，我知道自己应当珍惜这份不错的工作，可当我发现再多的努力也很难换来更高的成就时，当我觉得自己像工蜂一样机械地忙忙碌碌时，就会觉得自己很可怜。"

累是女人改变现状付出的学费，女人正是通过累来实现自己的价值。有时候，累还是女人心理的一种需要，它让女人觉得充实。不了解这一点，就不了解女人。但人心的容量却是有限的，适当地累给人舒心的感觉，体会到生存的意义。不过，当累超过人的承受力，就会成为一件难受的事。

女人应学会驾驭工作，不能让累摧毁自己。把握累的量是一门

6. 患得患失的人，不会有开阔的心胸

学问，女人的毛病是喜欢收集而不善于抛弃。女人应学会忘记，随时清除不必要的内存，不然，就会像电脑一样，装得太多，会乱码和死机。还有很多女人，她们的"累"是来自于感情，为了一份无望的感情苦苦坚持时，她们也就将自己推入了"累"的怪圈。

Brenda爱上了一个花心男人，她知道这男人靠不住，这男人也多次说，他不适合做丈夫，甚至连好情人也不配，但她就是爱他。她主动与这男人同居，她想通过这样的方式把男人留在身边，但很快这男人的热情消失了。他经常突然失踪，怎么也找不到。他失踪时，她的心很烦很沉很累，大脑一片空白。那男人消失后再现，是她最激动和最开心的日子。随后的再消失又令她心累至极，她讨厌这种生活，但又无法抛弃这种生活，她心累得难受极了。

实际上，这是一种误区，是她情感深处一个自我锁闭的死结。只要能从单恋的怪圈中突破出来，广泛结识异性，就会明白，死死去爱一个不爱自己的人是多么愚蠢！爱需要对接。即使曾经热爱过，只要出现无法挽回的冷，就应理智地分手，并忘记那个冷了的人。如果硬要背着一个爱已死的僵尸走在情感路上，当然会被累死。要相信命运，离开一个不爱你的人，上帝会给你更多更好的选择。

每个人都有自己生存的轨迹，当你顺着自己的轨迹走得漂亮时，你就会感到心情愉悦；反之，只要你越出自己的轨迹，生活就会冷酷地惩罚你。生命的意义不在于你做过些什么，而在于你是否做得精彩。

累是盐，完全缺少不行；放得太多，又会令人觉得苦涩。真正成熟的心知道减轻不必要的负荷，而且还具有非常的弹性。女人，别让自己活得那么累，当你喊累的时候，不妨先考虑一下，是什么

给了你累的感觉，再看一看有没有改善的可能。完全感觉不到累的女人很难取得什么成就，但感觉太累的女人也早晚会被拖垮。

过于追求完美，便会陷进无尽的烦恼中

　　生活中见过有很多崇尚完美主义的女人，她们希望自己所拥有的一切都是完美无缺的，但是世界上哪有十全十美的事情？于是她们只能在不完美里哀叹，给原本美丽的容颜蒙上了几成冷霜。

　　有这样一则故事。古代有一位先生娶了一个体态婀娜、容貌艳丽的太太，两人恩恩爱爱，是人人称羡的神仙美眷。这个太太眉清目秀，性情温和，美中不足的是长了个酒糟鼻子。这就好像失职的艺术家，对于一件原本足以称傲于世间的艺术精品，少雕刻了几刀，显得非常的突兀怪异。于是这位太太终日对着镜子，一面抚摸着这只丑陋的鼻子，一面唉声叹气，埋怨命运的残忍。

　　她的丈夫也是看在眼里，痛在心里。一日外出经商，行经一贩卖奴隶的市场，宽阔的广场上，四周人声鼎沸，争相吆喝出价，抢购奴隶。广场中央站了一个身材单薄、瘦小清癯的女孩子，正以一双汪汪的泪眼，怯生生地环顾着这群如狼似虎、决定她一生命运的大男人。这位丈夫仔细端详女孩子的容貌，突然间，被深深地吸引住了。好极了！这女孩脸上长着一个端端正正的鼻子，于是这位先

6. 患得患失的人，不会有开阔的心胸

生决定不惜一切代价，买下她！

这位丈夫以高价买下了这长着端正鼻子的女孩子，兴高采烈地带着女孩子日夜兼程赶回家门，想给心爱的妻子一个惊喜。到了家中，他把女孩子安顿好之后，用刀子割下女孩子漂亮的鼻子，拿着血淋淋而温热的鼻子，大声疾呼：

"太太！快出来哟！看我给你买回来的最贵重的礼物！"

"什么样贵重的礼物啊？"太太狐疑不解地应声走出来。

"我为你买了个端正美丽的鼻子，你戴上看看。"

丈夫说完，突然出其不备，抽出怀中锋锐的利刃，一刀朝太太的酒糟鼻子砍去。霎时，太太的鼻梁血流如注，酒糟鼻子掉落在地上，丈夫赶忙用双手把端正的鼻子嵌贴在太太的伤口处，但是无论丈夫怎么努力，那个漂亮的鼻子始终无法黏在妻子的鼻梁上。

可怜的妻子，既得不到丈夫苦心买回来的端正而美丽的鼻子，又失掉了自己那虽然丑陋，但是却货真价实的酒糟鼻子，并且还受到无妄的刀刃创痛。而那位糊涂丈夫的愚昧无知，更是叫人可怜！

追求完美几乎是现代女性的通病，然而不幸的是，有些人以为自己是在追求完美，其实她们才是最可怜的人，因为她们是在追求不完美中的完美，而这种完美，根本不存在。

一位女性激励大师曾做过一次演讲，她说有个患洁癖的女孩，她"因为怕有细菌，竟自备酒精消毒桌面，用棉花细细地擦拭，唯恐有遗漏"。

这个有洁癖的女孩，难道不知道人体表面就布满细菌吗？比如她自己的手，可能就比桌面脏。

"我真想建议她：干脆把桌子烧了最干净！"

在一家餐厅里，有对母子因为怕椅子脏，而不敢把手袋放在椅子上，但人却坐在椅子上。要上菜时，因为怕手袋占太多桌面，而让菜没地方放，服务员想将手袋放在椅子上，马上被他们阻止了："别忙了，我们有洁癖，怕椅子不干净。"

上完菜后，一旁的客人实在忍不住，问："有洁癖还来餐厅吃饭？自己煮不是比较放心吗？"

"吃的东西还不要紧，用的东西我们就比较小心了。"

天哪！这是什么回答！吃的东西不是更该小心的吗？手袋上的细菌会让人致命？还是吃下去的细菌会死人？

一个孩子犯了一个错，母亲不断地指责，因为她要为孩子培养完美的品格，孩子拿出一张白纸，并且在白纸上画了一个黑点，问："妈，你在这张纸上看到什么？"

"我看到这张纸脏了，它有一个黑点。"母亲说。

"可是它大部分还是白的啊！妈妈，你真是个不完美的人，因为你只会注意不完美的部分。"孩子天真地说。

有位吴女士，是个极有正义感的人，对于世界上竟有这么多不义的人很痛恨，她一直很想杀光世界上的坏蛋，好让世界完美。

有一天，她突然接到一封上帝的来信，上帝说，这位吴女士也是个坏蛋，因为她的心中从来就没有爱。

要求完美是件好事，但如果过头了，反而比不要求完美更糟。就像我们居住的屋子，永远不可能如展示厅那样整齐干净，如果一味地强求，反而会使居住成为噩梦一般。

世界上有太多的完美主义者了，他们似乎不把事情做到完美就不肯善罢甘休似的。这种人到了最后，大多会变成灰心失望的人，

6. 患得患失的人，不会有开阔的心胸

因为人所做的事，本来就不可能有完美的。所以说，完美主义者一开始就在做一个不可能实现的美梦。

他们因为自己的梦想老是不能实现而产生挫折感，就这样形成一个恶性循环，最后让这个完美主义者意志消沉，变成一个消极的人。所以，培养"即使不完美，不上不下也没关系"的想法是相当重要的。

如果你花了许多心血，结果事情还是泡了汤的话，不妨把这件事暂时丢下不管。如此一来，你就有时间来重整你的思绪，接下来就知道下一步该怎么走了。"既然开始了就要把事情做好"，这种想法固然没错，可是如果过于拘泥，那么不管你做些什么都是不会顺利的。因为太过于追求完美，反而会使事情的进展发生困难。

武田信玄是日本战国时代最懂得作战的人，连织田信长也相当怕他，所以在信玄的有生之年，他们几乎不曾交过战。而信玄对于胜败的看法实在相当有趣，他的看法是："作战的胜利，胜之五分是为上，胜之七分是为中，胜之十分是为下。"这和完美主义者的想法是完全相反的。他的家臣问他为什么，他说："胜之五分可以激励自己再接再厉，胜之七分将会懈怠，而胜之十分就会生出骄气。"就连信玄终身的死敌上杉彬也赞同他这个说法。据说上杉彬曾说过这么一句话："我之所以不及信玄，就在这一点之上。"

实际上，信玄一直贯彻着胜敌六七分的方针。所以他从16岁开始，打了38年的仗，从来就没有打败过一次。而自己所攻下的领地与城池，也从未被夺回去过。把信玄的这个想法奉为圭臬的是德川家康。如果没有信玄这个非完美主义者的话，德川家族300年的历史也不一定存在。要记得，不能忍受不完美的心理，只会给你的人

生带来痛苦而已。

有些人总是勉强自己，不愿做弱者，只愿逞强，努力做许多别人期待自己却不愿做的事，这种人，才是真正的弱者。人一对你抱期望，你就怕辜负了人，硬是勉强也要实现承诺，到头来才发现，原来是自己太软弱。

从根本上必须承认的，是自己的心。只有承认软弱，才可能坚强；只有面对人生的不完美，才能创造出完美的人生。

荣获奥斯卡最佳纪录片的《跛脚王》，便是叙述脑性麻痹患者丹恩的奋斗故事。丹恩主修艺术，因为无法取得雕刻必修学分，差点不能毕业。在他求学时，有两位教授当着他的面告诉他，他一辈子都当不了艺术家。他喜爱绘画，却因此沮丧得不愿意再画任何人的脸孔。

即便如此，他也不怨天尤人，努力地与环境共存，乐观地面对人生。他终于大学毕业，而且还拿到家族里的第一张大学文凭。

丹恩说，许多人认为残障代表无用，但对他而言，残障代表的是：奋斗的灵魂。

过于追求完美，你就会陷入无尽的烦恼中；而放弃对完美的苛求，你却可以过上一种富有意义的生活，怎样做对你更好呢？聪明的女人，相信你一定会做出正确的抉择。

6. 患得患失的人，不会有开阔的心胸

何必患得患失，其实有舍才有得

人这辈子不可能永远都那么幸运，往往是想得到这个，就必须舍弃那个。是的，我们必须要为自己做出选择，倘若这时候我们两只手都抓住欲望不放，那也许我们终将一无所获。女人这一生，有"舍"才有"得"，当我们为失去的东西惋惜的时候，不妨想想自己得到的，它也许更令人兴奋，更令人感到快乐幸福。

人的一生中总会有一些机遇，但是也很有可能这些机遇同时摆在你面前，让你无法取舍。这时候的你仿佛走到了一个人生的岔路口，不知道应该向左还是向右。但是不管怎样，我们不要妄想着把所有的好东西统统抓在手里，因为你会因能力有限而失去得更多。我们一定要明白人生有舍就有得的道理，我们没有必要一味地去向人生讨要什么，而是应该心态平和地去选择、去接受，只有这样，我们的人生才会更快乐，我们才会更容易得到自己真正需要的东西。

有这样一个故事，颇有启示意义，我们来看一下。

传说，一位国王有 7 个女儿。个个如花似玉、国色天香，她们是国王的骄傲。

而她们那一头乌黑亮丽的长发也是远近闻名，天下皆知。所以国王送给她们每人 100 个漂亮的发夹。

有一天早上，大公主醒来，一如往常地用发夹整理她的秀发，却发现少了一个。于是她偷偷地到了二公主的房里，拿走了一个发夹。

二公主发现少了一个发夹，便到三公主房里拿走了一个发夹。

三公主发现少了一个发夹，也偷偷地拿走了四公主的一个发夹。

四公主也一样偷偷地拿走了五公主的一个发夹。

五公主一样拿走了六公主的一个发夹。

六公主只好拿走七公主的一个发夹。

于是，七公主的发夹只剩下99个了。

隔天，邻国英俊的王子忽然来到皇宫。他对国王说："昨天我养的百灵鸟叼回了一只发夹，我想这一定是属于公主们的，而这也真是一种奇妙的缘分，不晓得是哪位公主丢了发夹？"

六位公主听到了这件事，都在心里说："是我丢的，是我丢的。"可是自己头上明明完整地别着100个发夹，所以都懊恼得很，却什么也说不出来。

只有七公主走出来说："我丢了一个发夹。"话才说完，一头漂亮的长发因为少了一个发夹，全部披散了下来，王子不由得看呆了。

最后的结局可想而知，王子和七公主结了婚，过上了幸福快乐的生活。看完这个故事以后请先不要忙着羡慕，而是应该好好想想"舍"与"得"之间的联系。有的时候我们总是害怕失去，总是抓着自己得到的东西不放手，却忘记了只有把双手松开，我们才能抓住更多我们更需要的东西。由此可见，有时候，失去也并不是一件多么坏的事情，它也许就意味着另一种得到。就如故事中的公主那样，因为丢失了一个发夹，却得到了一份美满的姻缘。

6. 患得患失的人，不会有开阔的心胸

人要学会"舍"，不能一味企盼"得"。拥有的时候，我们也许正在失去，而放弃的时候，我们或许正在重新获得。明白的人懂得放弃，真诚的人懂得牺牲，幸福的人懂得超越。安于一份放弃，固守一份超脱，这就是人生。

法国一家报纸进行智力竞赛时有这样一个题目：如果卢浮宫失火，当时的情况只可能抢救出一幅画，那么你救哪一幅？

多数人都说要救达·芬奇的传世之作——《蒙娜丽莎》。结果呢？在成千上万的回答中，法国电影史上占有重要地位的著名作家贝尔特以最佳答案赢得了奖金。

他的回答是："我救离出口最近的那幅画。"

这个故事说明一个深刻的道理，成功的最佳目标不是最有价值的那个，而是最有可能实现的那个。在人生的路上，放弃什么，选择什么，是一门艺术。有时，放弃就是获得。人们常说"舍得"，舍得、舍得，有舍才有得。什么都想得到，往往得不偿失。

在人生的道路上，我们要面对各种大大小小的选择，尽管我们每个人都希望自己能够两手抓，两手都要硬，但是有些时候我们不得不在两个同样重要的问题上做出自己的抉择。这时候，我们不要一味地因为自己的放弃而失落，更不要因为自己当时的选择而后悔，因为这就是人生。它就好比我们在餐馆点菜，菜谱上的菜品样样美味，但是我们不可能把所有的菜统统点一遍，一是我们没有那么大的肚子，二是我们没必要浪费那么多，凡事适可而止就好，点一两样满足一下自己的胃口就已经很不错了。生活就是这样，不可能给你百分之百、十全十美的人生，我们必须接受这个现实，并在人生的过往中选择淡定，选择平和，选择用一种从容乐观的心态去

面对人生。

我们应该让自己活在真实的世界里，尽管有的时候虚幻的东西很美好，但是它必将会成为过眼云烟，所以该舍去的就舍去吧，我们的未来会收获更多。既然女人这辈子必定要在舍与得中做出选择，那就让我们用自己的真诚和期待，去迎接每一次的取舍，用自己阳光的微笑去舍弃、去得到，去营造自己生命中的每一个幸福、每一份快乐，相信我们的明天会因为自己的选择而更加美好、精彩。

不必羡慕别人的美丽花园，人人都有自己的乐土

有的人在拥有和享受一些东西的同时，又在羡慕别人所拥有的东西。与此同时，他们忘记珍惜现在拥有的，只一门心思追求自己所没有的，最终的结果往往是疲惫不堪，使自己时刻都陷入嫉妒不平当中。于是烦恼便也随之层出不穷，整个一生便陷入烦恼编织的网里了。

有这样一对夫妻，他们是大学同学，在学校时是大家公认的金童玉女，毕业后，顺理成章地结成了百年之好。那时，当同学们都在为工作发愁时，男人就已经直接被推荐到一家公司做设计工程师，女人也因此自豪着。

结婚5年后，他们有了宝宝，生活步入稳定的轨道，简单平静，

6. 患得患失的人，不会有开阔的心胸

快乐幸福。然而，一次同学聚会彻底搅乱了女人的心。

那次聚会，男人们都在炫耀着自己的事业，女人们都在攀比着自己的丈夫，站在同学们中间，女人猛然发现，原本那么出众的他们如今却显得如此普通，那些曾经学习和姿色都不如自己的女同学都一身名牌，提着昂贵的手提包，仪态万千，风姿绰约。而那些曾经被老公远远甩在后面、不学无术的男同学，现在居然都是一副春风得意的样子。

回家的路上，女人一直没有说话，男人开玩笑说："那个小子，当初还真小看他了，一个拿打架当饭吃的小混混，现在居然能混成这样，不过你看他，真的有点小人得志的样子。"

"人家是小人，但是人家得志了，你是什么？原地踏步！有什么资格笑话别人？"

男人察觉出了女人的冷嘲热讽，但并未生气："怎么了？后悔了？要是当初跟着他现在也成富婆了，是吗？"

一句话激怒了本就不开心的女人："是，我是后悔了，跟着你这个不长进的男人，我才这么处处不如人。"

男人只当作女人是虚荣心作怪，被今天聚会上那些女同学刺激了，未避免吵起来，便不再作声。

一夜无话，第二天就各自上班了，男人觉得女人也平复了，不再放在心上，可是此后他却发现，女人真的变了，总是时不时地对他讽刺挖苦：

"能在一个公司待那么久，你也太安于现状了吧？"

"干了那么久了，也没什么长进，还不如辞职，出去折腾折腾呢？"

"哎，也不知道现在过的什么日子，想买件像样的衣服，都得寻思半天的价格，谁让咱有个不争气的老公呢！"

在女人的不断督促下，男人终于下决心"折腾折腾"。他买了一辆汽车，白天上班，晚上拉黑活，以满足女人不断膨胀的物质需求。女人的脸上也渐渐有了些笑模样。

那天，本来二人约好晚上要去看望女人的父亲，可左等右等男人就是不回来。女人正在气头上，收到了男人发来的信息："对不起老婆，始终不能让你满意。"女人看着，想着肯定是男人道歉的短信，她躺着，回想着这些年在一起的生活，想到男人对自己的关心和宽容，想着他们现在的生活，虽然平凡一点，但是也不失幸福，想到自己也许真的被虚荣冲昏头了，想着想着便睡着了。第二天早上，睁开眼的女人发现，丈夫竟然彻夜未归，她大怒，正准备打电话过去质问，电话铃声却突然响了。

电话那头说他们是交通事故科的，女人听着听着，感觉眼前的世界越来越缥缈，她的身体不停地抖着，蜷缩成一团。

原来，那天晚上，男人拉了一个急着出城的客人，男人一般不出城，但因为对方给的价格太诱人，就答应了，回来的路上，他被一辆货车追尾，最后一刻男人给女人发了一条信息："老婆对不起，始终不能让你满意。"

太平间里，女人的心抽搐着，可是无论多么痛苦，无论多么懊悔，无论多么自责，都已经唤不醒"沉睡"的男人了。

其实，生命真正需要的并不多，人生无须太圆满，如果能原谅自己的欠缺，就不会与他人做无谓的比较，才能更珍惜自己现在所拥有的一切。

6. 患得患失的人，不会有开阔的心胸

　　幸福与快乐其实并不像想象中那么复杂，它很简单，也很容易实现，但是，如若你总想着比别人过得都幸福，那就很难很难实现。毕竟，山外永远还有一座山。

　　其实，我们根本无须羡慕别人的美丽花园，因为你也有自己的乐土。命运给了我们遗憾和苦难，但同时也赐予了我们欢乐和机遇，如果你懂得珍惜现在所拥有的一切，就会减少许多无奈与烦恼，多一些欢乐与阳光，你的人生也将更加幸福、更加快乐！

想不开就不想，得不到就不要

　　对于得不到的东西，人们往往认为它是美好的。殊不知，得不到的东西未必就好，我们觉得它无比美好，是因为在我们的思想里潜藏着某种欲望，当这种欲望不能得到满足时，就会加倍渴望，甚至把它视为完美的梦想，刺激我们去征服。但事实上，很多时候我们得到以后会发现，它并不如想象中那般美好。

　　女孩爱上了一个男孩，想尽办法讨对方的欢心。她认为男孩就是自己的男神，他像王子一般地存在着。她千方百计打听男孩的喜好，尽量满足他的需求，每天都是这样，无怨无悔。

　　可是，男孩的心里早已经有了别人，她一次次地被拒绝，可是越是这样，她就越觉得男孩弥足珍贵，越是爱得死去活来。

应该说是皇天不负有心人,男孩同样被心上人拒绝了,他失恋了,很痛苦。女孩抓住时机,极尽温柔体贴,抚慰他受伤的心灵,用了半年时间,终于让男孩喜欢上了自己。然而相处久了,女孩渐渐发现男孩并没有想象中那么完美。

在一起的时候女孩发现,男孩吃饭时总是把盘子里的菜翻来翻去,即便有外人在场也是如此;男孩的个人卫生习惯很不好,东西总是乱摆乱放,屋子每天都是邋里邋遢;男孩发起脾气来旁若无人,大喊大叫,摔摔打打。这让女孩心里有些反感。

终于有一天,男孩再一次对女孩发脾气后,女孩下定决心离开了他。她实在不能忍受男孩的种种毛病,她想不明白,表面看上去如此完美的男子,怎么会是这样的呢?女孩忍不住感慨道:"真是被自己的想象欺骗了啊。"

有些东西我们得不到之时,总是对其充满幻想,待得到之后,才发现它的缺点是那样明显。而后,自然而然便失去了兴趣。这是大多数人的心魔——欲求不得愈欲得,结果弄得自己痛苦不堪。

有一个小学老师,一直以来过着相夫教子、安分守己的日子。有一天,一位从来也没有听说过的远房亲戚在国外死去了,临终时指定她作为遗产继承人。

遗产是一个难以估价的高档服饰商店,这个老师欣喜若狂,开始为出国做各种准备。等到一切准备就绪、即将动身时,她又得到通知,一场大火烧毁了那个商店,服饰也全部变为了灰烬。

这个老师空欢喜一场,重新返回学校上班,但她似乎也变成了另外一个人,整日愁眉不展,逢人便诉说自己的不幸:"那可是一笔很大的财产啊,我一辈子的工资还不及它的零头呢。"

6. 患得患失的人，不会有开阔的心胸

"你不是和从前一样，什么也没有丢失吗？"一个同事问道。

"这么一大笔财产，怎么能够说什么也没有失去呢？"老师心疼得叫起来。

"在一个你从来都没有到过的地方，有一个你从来都没有见过的商店遭了火灾，这与你有什么关系呢？"那个同事劝她看开些。

可是不久以后，这位老师还是得了忧郁症去世了。

这就像是一个小孩子，没有糖时很平静，平白无故得到糖时很高兴，等到糖丢了时，便极度地伤心。可是，那失去糖后，应与没得到糖时一样呀，又有什么伤心的呢！如果那位老师真的得到了遗产，她可能不至于郁郁而终。问题是她已经没有办法得到了，而她一直认为拥有了那份遗产后的生活会是多么地美好惬意，于是被自己的想象活活折磨死了。如果她换一种心态，不对那份遗产过于期盼的话，她依然可以过着自己平静无忧的生活。

得与舍的关系其实很微妙，人一生也许只能得到有限的几样东西，甚至几点东西，而这些，可能要用一生的时间来换取，所以从这个意义上讲，人生是个悲剧。这个世界上有那么多东西，又有那么多的美好，可是那一切好像与你无关，它对于你只是作为一种诱惑出现，你只能眼睁睁看着别人将它拿走。如果一点都放不开，什么都舍不得，什么都想得到，就会活得很累。可是你本来就一无所有，甚至这世界上本来就无你，从这点看，你已经获得了几样东西，最起码获得了生命和来世界走一遭的体验。上帝对你还是不错的，起码在这个美好纷繁的世界上旅游了这么多年，所以你看，你是不是又得到了许多？

159

名利攀比是女人自己给自己的枷锁

名,是一种荣誉、一种地位。不仅男人热衷名利,不少女人为了一时的虚名所带来的好处,也会忘我地去追求名利。结果她们得到了名利,却失去了快乐的心境。

沉溺于虚名之中会让你找不到充实感,让你备感生活的空虚与落寞。尤为可怕的是,虚名在凡人看来往往闪耀着耀眼的光芒,引诱你去追逐它。尽管虚名本身并无任何价值可言,也没有任何意义,但是总有那么一些人为了虚名而展开搏杀。真正体会到生命的意义、人生的真谛的人都不会看重虚名。

几年前,马思尼自己创业当老板,年收入超过50万美元。不料,就在公司的业绩如日中天的时候,他突然决定把公司交给太太经营,自己则转到一家大企业上班,月薪骤减为6000美元。周围的人都无法理解他:"你到底在想什么?"

马思尼透露,当时他的想法很简单:对方应允他可以拥有一间单独的办公室,旁边摆着一台音响,每天愉快地听着音乐工作,而这正是他一直最想过的日子。

马思尼并不想做大人物,所以,他也从不认为男人就一定要当老板,有些事其实可以让给女人做。不过,他观察到大多数的男人

6. 患得患失的人，不会有开阔的心胸

好像都非得做个什么领导，觉得有个头衔才有面子。

以前，他也有过同样的想法，到后来则发现这其实是"自己给自己的枷锁"。于是，他渐渐学会"欣赏"别人的成就，而不是处处跟别人比。"我跟别人比快乐！"他说，也许别人比他有钱，做的官比他大，但是，却比他活得辛苦，甚至还要赔上自己的健康和家庭。

马思尼说，他这辈子最想做的是当一名"义工"，虽然没有名片，也没有头衔，但却是一个非常快乐的人，"我希望能在50岁之前，完成这个心愿"。

曾有一个笑话将"开同学会"比喻为"比赛大会"，看看谁嫁得好，谁赚的钞票多。"嗯！她这几年混得不错，现在已经爬到总经理的位置了！""那女人更风光，有自己的别墅，老公开的还是八缸名车！"看到别人比自己混得好，就浑身不自在，顿时觉得矮了一截。

有一位女士，早年费尽心力，终于拿到博士学位，并且在一所著名的大学里任教，在学术界享有盛名。提起自己的成就，她最得意的是："很多同学都很羡慕我！"

当提及她的生活时，她的表情开始转为凝重。她承认自己几乎没有家庭生活："我一天只睡5个小时，绝大多数的时间都用来做研究。我的先生常和我争吵，唯一的女儿也跟我很疏远，我从来没有跟他们出去度过一天假，所有的时间都给了工作。"

一个女人非得要把自己弄得那么累吗？她重重地叹了一口气："唉！你不知道，干我们这一行，不进则退，后面马上就有人追上来了！"那么，你感觉快乐吗？她愣了许久，最后终于说出真话："老实说，我一点都不快乐，我恨死了我现在的工作！我只想好好坐下来，什么事都不做。可是，我简直不敢回头想。以前，我的愿望只

是想当一名高中老师。"

　　这是一个真实的例子。"名利"这个词，早已吞噬了这位女士的心灵，对她只有伤害，没有丝毫益处。无止境地竞逐成就，只会把女人弄得愈来愈累，很多女人的生活失去了平衡，她们不知道何时该停下来休息。

　　如果你的心里还在为领导这次提拔了别人而没有提拔你感到愤愤不平，如果你还在因为与你一起购买体育彩票的邻居中了大奖而你却什么也没有得到而久久不能释怀，那么，看了上面的几个例子，你是不是觉得有所悟？其实，名利本来就是那么一回事。只要我们全身心地投入生活，即使没有了名利，我们也照样会生活得有滋有味、快快乐乐。

只看我所拥有，不看我所没有

　　一个女人如果觉得自己不美丽，那她注定被美丽所抛弃；一个男人如果心里没底气，那他注定没成绩。因为美好的人生需要我们自己去创造，生命的绚丽要我们自己去博取，如果我们自卑、我们压抑，我们就会变得越发没有动力。

　　其实，人生的阴影不在我们的身上，而在我们的心里。一个人即使享受的阳光再多，如果他只看到阳光背后的阴影，那么，他的

6. 患得患失的人，不会有开阔的心胸

世界也不过是一片黑暗。如果把自己翻转过来看，感受就会大不一样。你或许脑子不如人家聪明，但你的工作业绩不错；你尽管没有什么特别的专长，但你也是联谊会上不错的舞者；你或许没有漂亮的外表，但你气质优雅，善解人意，温柔体贴，高端大气——你并不比任何一个人缺少魅力——如此一来，一个工作上进、社交融洽、气质不俗的形象就出现了。这样优秀的一个你，难道不也是别人羡慕的对象吗？

一位著名的女高音歌唱家，三十多岁就已经红得发紫，誉满全球。

一次，她到邻国来开独唱音乐会，入场券早在一年以前就被抢购一空，当晚的演出也受到极为热烈的欢迎。演出结束之后，当歌唱家和丈夫、儿子从剧场里走出来的时候，一下子被早已等在那里的观众团团围住。人们七嘴八舌地与歌唱家攀谈着，其中不乏赞美和羡慕之词。

有的人恭维歌唱家大学刚刚毕业就开始走红进入了国家级的歌剧院，成为扮演主要角色的演员；有的人恭维歌唱家有个腰缠万贯的某大公司老板做丈夫，而膝下又有个活泼可爱、脸上总带着微笑的小男孩……

在人们议论的时候，歌唱家只是在听，并没有表示什么。等人们把话说完以后，才缓缓地说道：

"我首先要谢谢大家对我和我的家人的赞美，我希望在这些方面能够和你们共享快乐。但是，你们看到的只是一个方面，还有另外的一个方面没有看到。那就是你们夸奖活泼可爱、脸上总带着微笑的这个小男孩，很不幸，他是一个不会说话的哑巴，而且，在我的家里他

163

还有一个姐姐，是需要长年关在装有铁窗房间里的精神分裂症患者。"

歌唱家的一席话使人们震惊得说不出话来，你看看我，我看看你，似乎是很难接受这样的事实，但事实却就是这样。

上帝是公平的，给予每一个人的欢乐与痛苦都是均衡的，都与他的付出成正比。只是我们只看到了别人好的一面，却没有看到他们曾经的努力或是背后隐藏的黯然，而我们又只看到了自己消极的一面，却不懂得为自己的拥有而开怀。

其实，我们所拥有的，别人不一定拥有，每个人有他自己拥有的长处，每个人也都有他自身的不足，所以，我们不必为别人的拥有而失意，应该多为自己的拥有而开怀。

只看我所拥有的，不看我所没有的。或许有时我们所缺少的恰恰就是这种"阿Q精神"。当然，这也不是说我们要对自己的缺点和短处视而不见，而是要去改变那些我们能够改变的，接受那些我们不能改变的，即坦然地接受自己——因为我们每个人都是世界上独一无二的个体，我们的身体外貌正是我们的特质，我们的言行举止都有我们的个性，我们没有理由不欣赏自己、不喜欢自己、不激励自己，因为这个世界上不会有第二个我。

是的，坦然地接受自己，阳光照耀到我们身上的时候，既给了我们光明，也给了我们阴影，不要不见阳光，只看阴影。就像有半杯水放到你的面前时，你不要说"真糟糕，只有半杯水"，我们应该庆幸"还有半杯水呢"。自卑与自信不过是对同一个我的不同评价而已，你选择自卑便有自卑的理由，你选择自信更有自信的理由，不过一旦选择了，前者将永远生活在痛苦与哀叹之中，而后者却能在阳光中享受那种欣赏自己的美好感觉。

6. 患得患失的人，不会有开阔的心胸

爱人是用来爱的，不是用来比的

很多女人喜欢拿自己的爱人去跟别人做比较，在比较的过程中，逐渐放大了爱人的缺点，忽视了他的长处，于是越看越觉得自己的爱人不顺眼，于是免不了口舌不断，战火连天。

其实，当初男肯娶女肯嫁，都代表着对对方相当的肯定，至少在结婚之初，大家确认对方是自己可以相守一生的伴侣。婚姻是实在而又琐碎的，当激情消失之时，双方缺点暴露无遗，此时，切不要拿恋爱时的模样与现在相比，更不要拿别人来比较。

海飞和丈夫原本非常相爱，他们在同一家单位工作，生活虽不富裕却也其乐融融，后来，由于工厂不景气，海飞下岗了，无奈中她投身商海，从小本生意开始做起，经过近10年的打拼，竟也小有成就，买了商品房，有了车子，可是在社会上闯荡久了，她的心气越来越高，别人有的她都要有。尤其是看着身边那些长相不如自己，却打扮得雍容华贵的阔太太们，她的心理极度不平衡起来，凭什么她们不劳而获，还可以永享安逸，而自己却要在男人堆里浴血奋战呢？于是她对丈夫渐渐失去了最初的温柔和好感，对安心于每个月靠微薄工资过生活的丈夫由失望变得厌恶起来，她再也不给他好脸色了，当丈夫小心翼翼地求她生个孩子时，已经33岁了的她揶揄

165

道：“生孩子？你养得起吗？你知道陆总的千金从上最好的幼儿园、最好的小学，一直到现在去英国留学一共花费了多少钱吗？那是一笔你八辈子都挣不来的钱！”

有一次，海飞遇到了老同学丽娜，丽娜嫁给了一个富家子弟，住着一栋近300平方米的复式楼，当时她正开着宝马去美容，见到海飞后，丽娜邀请她一起去，可是海飞说："我真的没时间，还有一笔生意等着去谈呢！"丽娜笑着说："你这是何苦呢？生意让老公去打理好了，一个女人何必为了女强人这个虚头衔而把自己搞得容颜憔悴呢！"丽娜那不屑的口气让海飞内心大受打击，想当初自己这朵校花是何等荣耀，当年是追不到自己的男孩才去追丽娜的，可是现在呢？

海飞越想越觉得委屈，晚上回到家里，脸色阴沉得可怕，丈夫以为她是累了，就赶紧给她放好洗澡水，还端来一杯热咖啡，可是丈夫的关心并没有让她感动，反而更让她看不起他，于是她将手中的咖啡杯重重地摔在了地上："你这种成天在老婆面前低三下四的男人什么时候才能有点出息呢？你看人家老赵，房子、厂子、车子……什么不是自己赚来的，再看看你，什么都靠老婆，住老婆买来的房，花老婆挣来的钱，你不就是一个吃软饭的吗？"

丈夫目瞪口呆了好大一阵，然后一言不发地走出了家门，从此住进了厂里的集体宿舍，不久丈夫就提出了离婚。这又让海飞很不舒服，因为她争强好胜已成习惯，觉得即便是离婚也应该是自己先提出来，现在居然要被自己的丈夫抛弃，她在心理上实在难以接受。但无奈丈夫的要求很坚决，最后两个人还是离婚了。

离婚后，原本对事业非常投入的海飞却发现，自己对工作再也

6. 患得患失的人，不会有开阔的心胸

提不起兴趣了，往日所有的成就在她眼里好像一下子失去了意义。而且圈子里的男人再看她时，眼光里就多了几分暧昧，而那些阔太太们再看她时，目光中除了多了怜悯之外，还有了丝丝戒备，仿佛她随时都可能勾引她们的老公。虽说也有不少人开始热心地给海飞介绍对象，可是那些男人要么就是拖儿带女的，强调婚后不会再要孩子；要么就是干脆冲着她的钱来的，这些都让她对再婚产生了抵触情绪。

有一天，她下班开车回家，堵车时，无意中看见她的前夫正和一个女人牵着手逛街，态度很亲昵，毫无疑问那个女人是他现在的妻子，她不由地羡慕起那个女人来了：她得到的也许只是一个很平凡或者可以说是很平庸的男人，但是有爱情，这对女人来说就足够了。

做女人，最不要比的其实就应该是自己的爱人。爱人是用来爱的，不是用来比的。不管他与别人相比是如何的逊色，都应该把他当成心里的宝，因为妻子本身的角色就是爱，是爱的天使的化身。

从容放下过多欲望，旋转幸福色彩

欲望往往会蒙蔽人的心智，让我们失去理智，做出不可理喻的事情，也让我们心灵无法平静，无法享受到生活的幸福。

有位名人说："欲望越小，人生就越幸福。"这话，蕴含着深邃

的人生哲理。它是针对"欲望越大，人越贪婪，人生越易致祸"而言的。

其实，我们每一个人所拥有的财物，无论是房子、车子、票子等，无论是有形的，还是无形的，没有一样属于你的，那些东西不过是暂时寄托于你，有的让你暂时使用，有的让你暂时保管而已，到了最后，物归何主，都未可知，所以智者把这些财富统统视为身外之物。

幸福到底是什么？许多人都在问，其实得到幸福很简单。听一听自己内心的声音，扔掉那些对自己来说十分奢侈的梦想和追求，那么，你就被幸福包围了。

有位著名的心理学家说："一个人体会幸福的感觉不仅与现实有关，还与自己的期望值紧密相连。如果期望值大于现实值，人们就会失望；反之，就会高兴。"的确，在同样的现实面前，由于期望值不一样，你的心情、体会就会产生差异。

面对难填的欲壑，我们应尽量享受已有的。这样，生活才会是真实的，富有质感的，一年三百六十五日，天天太阳都是常新的。

其实，欲望的满足是一种自我放逐，欲望会带来更多、更大的欲望。如果我们为欲望所左右，为欲望的不能满足而备受煎熬，那样的人生还有什么滋味？

欲望不能满足，贪心没有止境。是啊，欲望像越滚越大的雪球，它蛊惑着人们拼命向前。幸福的标准又是什么呢？有许多人都不知道。人们的心灵被欲望占据久了，都有些麻木了。

在现实生活中，人们总是喜欢拼命地追求、索取，以为这样便可以得到幸福，殊不知，当你费尽心机地实现了这个目标，消除了

6. 患得患失的人，不会有开阔的心胸

一个烦恼，很快你又会有新的没有实现的目标，你又会烦恼。如此反复，永无尽头。事实上，人们追求的东西往往是自己并不需要的。

成龙拍完《我是谁》这部大片之后，在一次采访中说，他拍电影的场地从非洲到繁华的都市，有着很深的感触。他说："在非洲，人们很容易满足，有面包能吃饱肚子，那就是幸福的一天。可是，繁华都市里的人，不用担心三餐，却有着很多的烦恼，他们总是在追求自己所不需要的东西。"

有一个从事房地产的女人，经过几年的打拼，在本地已小有名气了。她每天的生活就像上足劲的发条一样，被传真、资料、甲方乙方以及各种方案充塞得满满的。

一天，她加班到很晚。从公司出来后，走了很远的路也没有叫到车。走得热了，她停下来，仰头出了口气。这时，她吃惊地看见星星在丝绒般的夜幕中闪烁着，洋溢着一种无言的美丽。一如她大学毕业前的最后一晚，几个要好的同学躺在学校图书馆前的草坪上看到的那样。那一晚，她们被血脉中扩张的青春激动着，广袤的星空与未来的前途一片光明。

从那以后，她几乎再也没有时间去注视过夜晚的星空了。因为从她走入社会，一直保持着弯腰向前奔跑的姿势。她太忙了，欲望总在膨胀，目标总在前方，于是她不停地向前奔跑着……

每个夜晚的这个时刻，她多半在应酬，或是在做楼盘计划和方案，她从没有想过哪怕透过一扇小窗，去望望宁静的夜空，倾听心灵中一些细小的声音。

今天，当自己站在这静谧的星空下，她突然想起以前在大学看过一位日本餐饮业巨头总结的成功之道：在其连锁店中能提供给顾

客的，永远是 17 厘米厚的汉堡与 4℃的可乐。据他的研究人员研究发现，这是令客人感觉最佳的饱腹感与口感。当然，你也可以选择把汉堡做成 20 厘米厚，把可乐加热到 10℃，但它们并不意味着最佳口感。

  对于幸福，其实也只要 17 厘米和 4℃就够了。幸福，它是一路上持续发生的，就如深夜静谧而美丽的星空所带给人的震撼，而非那个令人疲惫的终极雪球。

  欲望永不满足，它不停地诱惑着人们追求物欲，然而过度地追逐利益往往会使人迷失生活的方向，因此，要知道欲望是无止境的，我们要珍惜眼前的幸福，只有这样，才能把握好自己的人生方向。

7.
你无法改变过去，所以最好忽略它们

　　如果你总是不肯忘掉过去，你就无法变得幸福快乐。你犯过错误吗？你有过很糟糕的经历吗？不管曾经发生过什么，都将它们忽略掉。你无法改变过去，所以你最好忽略它们，把所有的精力都用在处理当前事务上。

记性太好，有时是一种负担

人的本性中有一种叫作记忆的东西，美好的容易记着，不好的更容易记着。所以大多数人都会觉得自己不是很快乐。那些觉得自己很快乐的人是因为他们恰恰把快乐的记住了，而把不快乐的忘记了。这种忘记的能力就是一种宽容，一种心胸的博大。生活中，常常会有许多事让我们心里难受。那些不快的记忆常常让我们觉得如鲠在喉。而且，我们越是想，越会觉得难受，那就不如选择把心放得宽阔一点，选择忘记那些不快的记忆，这是对别人，也是对自己的宽容。

有一位百岁高龄的老奶奶，思维敏捷，耳聪目明，容光焕发。人们惊叹之余，开始请教她长寿的秘诀。老人笑呵呵地说："多吃素食，性格开朗，心情豁达；凡事能拿得起，更要放得下……"老奶奶强调最多的就是要学会忘记痛苦、忘记烦恼、忘记仇怨，要铭记善施、铭记恩情，要感恩报德。

其实，记忆对人本身是一种馈赠，心胸宽阔的人用它来馈赠自己，但同时它也是一种惩罚，心胸狭窄的人则用它惩罚自己。所以说，有时候，记忆力不要太好，人最大的烦恼就是记性太好。

有师徒二人在山上修行。徒弟从很小的时候就来到山上，从未

7. 你无法改变过去，所以最好忽略它们

下过山。

徒弟长大后，师傅带他下山游历。由于长期离群索居，徒弟见了牛羊鸡犬都不认识。师傅一一告诉徒弟："这叫牛，可以耕田；这叫马，人可以骑；这叫鸡，可以报晓；这叫狗，可以看门。"

徒弟觉得很新鲜。

这时，走来一个少女，徒弟惊问："这又是什么？"

师傅怕他坏了修行心，因而正色说道："这叫老虎，人要接近她，就会被吃掉。"

徒弟答应着。

晚上，他们回到山顶的寺院，师傅问："徒儿，你今天在山下看到了那么多东西，现在可还有在心头想念的？"

徒弟回答："别的什么都不想，只想那吃人的老虎。"

有时候，记性太好也是一种负担。如果把所有的事情都缠绕在心上，时常想起，总会时常痛苦。如果什么都可以忘掉，以后的每一天将会是一个新的开始，你说这有多开心。所以，与其纠结于心，不如看淡、看轻。生活的真谛在于宽恕与忘记。宽恕那些伤害过我们的人和事，忘记那些不值得铭记的东西。忘记是品质的提升、心态的调和，更是生命的沉淀。

其实，忘记与铭记是一对孪生兄弟，二者不可偏取其一，否则必遭极端之苦，必受偏废之痛。所以，我们在忘记的同时也需要有一些铭记，铭记生活中的美好，铭记值得铭记的事，而把该忘记的统统忘记。

来世不可待，往事不可追

史威福说："没有人活在现在，大家都活着为其他时间做准备。"所谓"活在现在"，就是指活在今天，今天应该好好地生活。其实，这并不是一件很难的事，我们都可以轻易做到。

周艳雪是某校一名普通的学生。她曾经沉浸在考入重点大学的喜悦中，但好景不长，大一开学才两个月，她已经对自己失去了信心，连续两次与同学闹别扭，功课也不能令她满意，她对自己失望透了。

她自认为是一个坚强的女孩，很少有被吓倒的时候，但她没想到大学开学才两个月，自己就对大学四年的生活失去了信心。她曾经安慰过自己，也无数次试着让自己抱以希望，但换来的却只是一次又一次的失望。

以前在中学时，几乎所有老师跟她的关系都很好，也很喜欢她，她的学习状态也很好，身边还有一群朋友，那时她感觉自己像个明星似的。但是进入大学后，一切都变了，人与人的隔阂是那样的明显，自己的学习成绩又如此糟糕。现在的她很无助，她常常这样想：我并没比别人少付出，并不比别人少努力，为什么别人能做到的，我却不能呢？她觉得明天已经没有希望了，她想难道12年的拼搏奋

7. 你无法改变过去，所以最好忽略它们

斗注定是一场空吗？那这样对自己来说太不公平了。

进入一所新的学校，新生往往会不自觉地与以前相对比，而当困难和挫折发生时，产生"回归心理"更是一种普遍的心理状态。艳雪在新学校中缺少安全感，不管是与人相处方面，还是自尊、自信方面，这使她长期处于一种怀旧、留恋过去的心理状态中，如果不去正视目前的困境，就会更加难以适应新的生活环境、建立新的自信。

不能尽快适应新环境，就会导致过分地怀旧。一些人在人际交往中只能做到"不忘老朋友"，但难以做到"结识新朋友"，个人的交际圈也大大缩小。此类过分的怀旧行为将阻碍着你去适应新的环境，使你很难与时代同步。回忆是属于过去的岁月的，一个人应该不断进步。我们要试着走出过去的回忆，不管它是悲还是喜，不能让回忆干扰我们今天的生活。

一个人适当怀旧是正常的，也是必要的，但是因为怀旧而否认现在和将来，就会陷入病态。不要总是表现出对现状很不满意的样子，更不要因此过于沉溺在对过去的追忆中。当你不厌其烦地重复述说往事，述说着过去如何如何时，你可能忽略了今天正在经历的体验。把过多的时间放在追忆上，或多或少地会影响你的正常生活。

我们需要做的是尽情地享受现在。过去的再美好抑或再悲伤，那毕竟已经随着岁月的流逝而沉淀了。如果你总是因为昨天而错过今天，那么在不远的将来，你又会回忆着今天的错过。在这样的恶性循环中，你永远是一个迟到的人。不如积极参与现实生活，如认真地读书、看报，了解并接受新生事物，积极参与实践活动，要学会从历史的高度看问题，顺应时代潮流，不能老是站在原地思考问

题。如果对新事物立刻接受有困难，可以在新旧事物之间寻找一个突破口，例如思考如何再创辉煌，不忘老朋友，发展新朋友等，寻找一个最佳的结合点，从这个点上做起。

隆萨乐尔曾经说过："不是时间流逝，而是我们流逝。"不是吗？在已逝的岁月里，我们毫无抗拒地让生命在时间里一点一滴地流逝，却做出了分秒必争的滑稽模样。

说穿了，回到从前也只能是一次心灵的谎言，是对现在的一种不负责的敷衍。

扔掉心中的包袱，只为了那些爱你的人

人生的成或败、乐或悲，有相当一部分取决于自己的心态。一个人心里想着快乐的事情，他就会变得快乐；心里想着伤心的事情，心情就会变得灰暗。那么，我们为何不放下烦恼，让自己活得更加快乐呢？

有一位少妇忍受不住人生苦难，遂选择投河自尽。恰巧此时，一位老艄公划船经过，二话不说便将她救上了船。

艄公不解地问道："你年纪轻轻，正是人生的好时光，又生得花容月貌，为何偏要如此轻贱自己、要寻短见？"

少妇哭诉道："我结婚至今才两年时间，丈夫就有了外遇，并最

7. 你无法改变过去，所以最好忽略它们

终遗弃了我。前不久，一直与我相依为命的孩子又身患重病，最终不治而亡。老天待我如此不公，让我失去了一切，你说，现在我活着还有什么意思？"

艄公又问道："那么，两年以前你又是怎么过的？"

少妇回答："那时候自由自在、无忧无虑，根本没有生活的苦恼。"她回忆起两年前的生活，嘴角不禁露出了一抹微笑。

"那时候你有丈夫和孩子吗？"艄公继续问道。

"当然没有。"

"那么，你不过是被命运之船送回了两年前，现在你又自由自在、无忧无虑了。请上岸吧！"

少妇听了艄公的话，心中顿时敞亮许多，于是告别艄公，回到岸上，看着艄公摇船而去，仿佛如做了个梦一般。从此，她再也没有产生过轻生的念头。

无论是快乐抑或是痛苦，终归都要过去，强行将自己困在回忆之中，只会让你备感痛苦！无论明天会怎样，未来终会到来，若想明天活得更好，你就必须以积极的心态去迎接它！你要认识到，即便曾经一败涂地，也不过是被生活送回到了原点而已。

其实，每个人的一生都是在不断的得失中度过的，我们的不如意和不顺心，都与在得失之间的心理调适做得不够有关系。人生如白驹过隙，如果我们在得失之间执迷不悟，是否太亏欠这似水年华了呢？学会舍得，学会洒脱，你的人生才会有属于自己的精彩。

北宋时期，金兵大举入侵中原，宋朝百姓纷纷离开家乡，以避战乱。一伙百姓仓皇逃到河边，他们丢下了身上所有的重物，包括贵重的物件，拥挤着上了仅有的一条渡船，船家正要开船，岸边又

赶来了一人。

来人不停地挥手、叫喊，苦苦恳求船家把他也带上。船家回答道："我这条船已经载了很多人，马上就要超载了，你要是想上船过岸，就必须把身上的大包袱统统扔掉，否则船会被压沉的。"

那人迟疑不决，包袱里可是他的全部家当。

船家有些不耐烦，催促道："快扔掉吧！这一船人谁都有舍不得的东西，可他们都扔掉了。如果不扔，船早就被压沉了。"

那人还在犹豫，船家又说："你想想看，包袱和人到底孰轻孰重？是这一船人的性命重要，还是你的包袱重要？你总不能让一船人都因为你的包袱而惶恐不安吧！"

要知道，包袱虽然只属于你自己，但它却会令一船人为之担心不已，这其中包括你的父母、你的妻儿、你的朋友……有些时候，纵使放不下也要放，多愁善感、愁肠百结，那样不但会伤害你自己，同时还会伤害那些关心你的人。难道，你真的舍得他们每日为你提心吊胆，看着你郁郁寡欢的样子痛心不已吗？

人的一生，都在不间断地经历时过境迁。适时地遗忘一些经历，不但能给自己带来快乐，还能给家庭带来幸福。有时你要想想，人活着真的不是为了自己，你因过往琐事心思焦虑，难道还要别人也为你同样焦虑吗？

7. 你无法改变过去，所以最好忽略它们

忘掉伤痕，走出心中的阴霾

"太美丽的人感情容易孤独，太优秀的人心灵容易孤独"，其实，太敏感的女人不仅孤独还易受伤。

曲盛闻在北京经营着一家建材商店，生意一直不错，小有财富，然而她的情绪一直处于不稳定状态，一个人的时候常会哭泣。

她觉得身边没有人理解自己，没有自我价值感，生活毫无意义可言。近一段时间，她感觉自己已经无法控制情绪了，每次情绪发作时，自己就好像变成了另外一个人，满脑子都是丈夫如何亏待她、骗她，婆婆如何不近人情，甚至认为他们母子俩在对付自己，要害自己。情绪来时如洪水猛兽，去得也快，事后又非常后悔，不知自己为何会变成这般模样。平均每周发脾气三到四次，这令曲盛闻痛苦不堪。

曲盛闻出生在一个物质富足的家庭中，父亲算得上是当地的成功人士，但性格暴躁，唯我独尊，对曲盛闻的管教非常严厉，经常斥责她，亦有打骂。母亲的脾气也不好，父母经常吵架。曲盛闻从小就很怕他们，唯恐父母不顺心就拿自己出气。到了青春期以后，父母不允许她单独出去玩，不管是男同学还是女同学。放学以后必须准时回家，不然父母是要发火的。这使得曲盛闻从小就很乖顺，她不谙世事，爱幻想。

刚刚工作那会儿，曲盛闻结交了第一个男朋友，虽然父母表示明确反对，但曲盛闻终于自己做了一回的主，她在父母的责骂声中离开了家，开始与男友同居。最开始的两个月，两人关系还算融洽，之后，两人开始争吵，男友骂她、羞辱她，甚至还动手打她。她要离开他，他跪下来求她，情真意切，痛哭流涕。她心软了，想到平时他对自己真的很体贴，这个时候她脑子里又都是他的好。这是她的初恋，她真的很珍惜这段感情，然而他总是时好时坏，好的时候是真好，处处体贴她、关心她，坏的时候是真坏，简直不可理喻、不近人情。就这样，他们在一起相互折磨了6年，她再也无法忍受，最终提出分手，他当然不愿意，但她决心已定。

她逃离了那座城市，只身来到北京，2年前，她结识了现在的丈夫，他们沟通得非常好，她觉得这个人很可靠，性情温和，随着接触的增多，两个人确立了恋爱关系。第二年，他们组建了家庭。

家庭生活中的琐事影响到了她的情绪，也勾起了她的回忆。她来到北京，原想与过去做个了断，摆脱心中的阴霾，然而这阴霾却越来越重，越想忘记，越挥之不去。她为此常在梦醒时分轻轻抽泣，莫名其妙地对丈夫发火。丈夫不理解她为什么会这样，问她时，她又不愿意去讲，怕丈夫知道她的过去。有时丈夫保持沉默，她的火气就更大，更伤心。她会不知不觉地拿前男友与丈夫来比较，总觉得丈夫没有前任对她那样体贴、细心，她知道不应该这样，但就是无法控制自己。

婆婆现在独自居住，母子两人都相互关心，儿子考虑母亲一个人可能会孤独，经常打电话问候，时常去陪她聊天。就因为这一点，

7. 你无法改变过去，所以最好忽略它们

她非常烦恼、生气，她觉得婆婆抢走了丈夫对她的爱，她不愿意与人分享。逐渐地，她的郁闷发展成了猜疑，她觉得两个人如此频繁地通电话是合谋要害她，她开始怀疑丈夫当初和自己结婚是有所图，确切地说是为了她的钱。冷静下来，她也知道自己的想法不可理喻，但她无法自控。

从曲盛闻的感情生活来看，她的遭遇是不幸的。过严的家庭教育、缺乏温情的成长环境，造就了她单纯无知的心，也在某种程度上注定了她的经历。透过人格特征，基本可以判断她的前男友具有偏执型人格障碍。她忍受了6年不堪回首的生活，在这6年中，她始终在被要求按他的意愿做事、按他的思想生活，她几乎丧失了自我。她虽然猛然觉醒，断然离去，然而，她单纯如白纸的一个人已经被偏执的前男友所图画，她的人格被"同化"了。可是她并不了解，由于被"同化"，她变得敏感，多疑，自我为中心，所以，她不去理解别人，依赖性强，希望被关注。

曲盛闻所表现出来的，是典型的"创伤后遗症"，带有很强的偏执色彩，既跟别人较劲，也跟自己较劲。以往的事情，在她内心里留下了严重的创伤，大多时候，她的内心在本能地压抑对这件事情的担心、恐惧和愤怒，而结婚后的家庭生活，激起了那次创伤的回忆，以至于无法自控。

客观地说，有过异常痛苦的经历，产生一点偏激的想法也属正常，说说狠话、怪怪别人发泄一下也就算了，千万不要让这些痛苦停留在自己的潜意识中，使之成为挥之不去的阴影。别让自己的身心一触碰到爱情就亮起红灯。在这个世界上，最可怕的心理就是"不信任"，一个人，如果不信任这个世界，就等于已经把自己隔离

181

在这个世界之外，偏执、孤独、焦虑、痛苦随之而来。

对于曲盛闻而言，她现在最需要的是内省，正视自己的心理障碍，好好想想在这段感情里，自己的问题，自己的偏执，让自己从阴霾中走出来，成为内心强大的人。

原谅生命中的意外，宽恕曾经错误的自己

没有人永远是正确的，当你做错事的时候，只需想想别人兴许也会犯这样的错误，别人在其他问题上也会犯错，这样你就不会过于自责，气也就消了。

当我们觉得自己的行为违背了道德标准或者社会公德时，就会感到自责；当我们回想曾经发生的不幸，对于自己的错误行为也常常感到悔恨和自责。我们往往长时间地沉浸在这样的低落情绪当中，不能自拔。这真是自找气受，我们可以宽容别人，为何不能原谅自己呢？

一个年轻女孩跟一个玉雕大师学习雕玉的技艺，年轻女孩一学就是九年，师傅把雕玉的步骤、技巧都一一传授于她。无论是选玉的视角、开玉的刀法、下刀的力道、打磨的时间，年轻女孩都能熟练地把握了。

可有一件事让年轻女孩不明白，虽然她的操作和师傅一模一样，

7. 你无法改变过去，所以最好忽略它们

但大师雕的玉就是比她雕得好看，价也比她的高出好几倍。年轻女孩开始怀疑大师没有把绝技传授给她，所以他们雕出来的作品差别才那么大。

年轻女孩越想越生气，开始惋惜自己在此花费的九年光阴。一天，大师把她叫到书房，对她说："我的全部技艺已经传授于你，你离开师门之前，需雕刻一样作品作为你的毕业总结。我已经在南山购得一块璞玉，准备让你来雕一个蟹篓，雕玉的价钱已经谈好，到时候你可以用这笔收入作为自立门户的本钱。"

年轻女孩一看那块璞玉，是一块翠绿的极品岫玉，显然是师傅花了大价钱才购得的。年轻女孩想：我一定要认真雕这块宝玉，一定要超过师傅。

于是年轻女孩憋着一股劲，开始动手雕刻。这种心气让她无法平静下来，手中的刀似乎也不听使唤，在雕篓口的一只螃蟹时歪了，刀痕划过美玉，一瞬间，她崩溃了。她无法原谅自己的失误，于是不辞而别，放弃未完成的玉走了。

后来，年轻女孩在几家玉雕作坊里工作，不过多年来她从没雕出过一件像样的作品，因为每当她拿起刻刀，那块翠绿岫玉上的刀痕就会浮现在她脑海里。由于作品一直不出彩，她一次次被作坊老板辞退。在被第八家作坊辞退的时候，她彻底失去信心。这时她想起了大师，决定回去看看。

面对身背荆条跪在门前的徒弟，大师并没觉得很诧异，只是和过去一样，心平气和地说："开工了。"她哭了，然后跟着大师来到书房，大师从一个方匣中取出那块翠绿岫玉，一刹那间那深深的刀痕又映入她的眼帘。

183

大师当着她的面，拿起刀在那深深的刀痕上雕琢。没过多久，一只活灵活现的小龙虾出现在螃蟹背上，原来那道刀痕不见了，呈现在眼前的是一件巧夺天工的艺术品。年轻女孩扑通一下跪在大师的面前，满面羞愧地央求道："请师傅传授这雕玉绝技。"

大师神态平静地对她说："我已经把全部的技艺都教给你了，如果说有什么绝技的话，就是一句话：刻在玉上的错，不应该再刻在心上。"

大多数情况下，我们之所以感到自责，是因为我们想要向自己以及周围的人表明，我们为自己的行为感到十分抱歉。从本质上来说，我们是在进行自我惩罚，为以前的错误寻找解脱的出口，并且企图改变曾经发生的不愉快。殊不知，过去发生的一切都不可能从头再来。

不断地自责，无疑会让自责成为一种思维定式和习惯，不知不觉中消磨了改变的意志。甚至，把自责当作一种减轻压力的工具，事实上，如果不能及时脱离这种无节制的情绪低谷，自责还会继续下去，而且压力越来越大，情绪也越来越坏，到头来问题还是没有解决。

自责不同于吸取教训。适当的自责会让你认识错误、改过自新，但强加的自责只会把你变成过去的俘虏，不仅不能树立信心，反而因此停滞不前、消极逃避，实际上这是一种更加不负责任的行为。不能原谅别人、心怀怨恨的人，同样也不能原谅自己。他们都是饱受自责情绪折磨的人。

发现问题后，不要为此急着责怪自己，而应该尽早尽快地把它解决掉。越早解决，你就会越快摆脱它所带来的痛苦。只有这样，

7. 你无法改变过去，所以最好忽略它们

你才能尽快走出自责的阴影，怀揣一份积极快乐的心态坦然面对未来。

做错事不可怕，可怕的是你因为做错一件事就永远被打败。"人非圣贤，孰能无过"，无论是在工作中还是生活中，犯错本来就是难以避免的事情。关键不在于你犯的错本身，而在于你犯错之后的表现。

如果你失去了直视错误的勇气，从而失去做事的心情，很可能就会赔上你的现在，还有未来。所以，切莫再抓住过去的伤疤不肯放手，赶快从自怨自艾的泥潭中跳出来，朝气蓬勃地投入到新的生活和事业中去吧！

人生最可怕的，莫过于背着心灵的包袱走路了。一路走来，辛苦疲惫不说，最终还无法达到目的地。只有学会放下，放下自己曾经做过的"错事"，原谅那些意外，不堪重负的心灵才能从中解脱出来，重新找回做"错事"之前的自己，开始下一段别样的精彩纷呈的旅途。

与其日日负疚，不如尽力补救

人很容易被负疚感左右，尤其是女人。在人性文化中，内疚被当作一种有效的控制手段加以运用。我们应当吸取过去的经验教训，

但也不能总在阴影下活着，内疚是对错误的反省，是人性中积极的一面，但却属于情绪的消极一面。我们应该分清这二者之间的关系，反省之后迅速行动起来，把消极的一面变积极，让积极的一面更积极。

凯琳娜是一位女商人，长年在外经营生意，少有闲时。当有时间与全家人共度周末时，她就非常高兴。

她年迈的双亲住的地方，离她的家只有一个小时的路程。凯琳娜也非常清楚自己的父母是多么希望见到她和她的家人。但是她总是寻找借口尽可能不到父母那里去，最后几乎发展到与父母断绝往来的地步。

不久，她的父亲死了，凯琳娜好几个月都陷于内疚之中，回想起父亲曾为自己做过的许多好事情。她埋怨自己在父亲有生之年未能尽孝心。在悲痛平定下来后，凯琳娜意识到，再大的内疚也无法使父亲死而复生。认识到自己的过错之后，她改变了以往的做法，常常带着全家人去看望母亲，并同母亲保持经常的电话联系。

其实，内疚也可以说是人之常情，或许每个人都曾内疚过，我们的生活那么复杂，我们在经历学业、事业以及家庭琐事时，难免会做错事，那么就一定要内疚下去吗？千万不要这样，这是很可怕的事情，它会让你的生活失去绚丽的颜色。退一步说，即便深陷这后悔的自责之中，又有什么用？我们是不是该为自己的过错做点什么，如果你能尽力补救，相信你的心就会好过一些。

从另一方面说，内疚或许不完全是坏事，因为它确实可以让人变得更加成熟，也可以让我们在今后的日子中减少痛苦，并更有能力去摆脱痛苦。但我们怕的是，因为内疚而"走火入魔"，乃至痛恨

7. 你无法改变过去，所以最好忽略它们

自己、厌恶自己，直至厌恶了这个世界，但我们却未曾想过，这也是一种不负责，是对自己、对亲友，乃至对曾被你伤害过之人的不负责。因为你这种状态，不能去救赎自己的错误，倘若你不能自我救赎，那无疑就是错上加错。所以说，大家应该学会释放，不要深陷后悔的自责当中，你应该振奋精神，投身到对错误的补救当中，这才是你当下最该做的事情。

没有一个人是没有过失的，有了过失之后要勇于去改正，前途依然阳光，但若徒有感伤而不从事切实的补救工作，则是最要不得的！在过错发生之后，要及时走出感伤的阴影，不要长期沉浸在内疚之中，让身心备受折磨，过去的已经过去，再内疚也于事无补，要拾起生活的勇气，过好明天的生活。

为负累沉重的人生做一次扫除

生命就如同一次旅行，背负的东西越少，越能发挥自己的潜能。你可以列出清单，决定背包里该装些什么才能帮助你到达目的地。但是，记住，在每一次停泊时都要清理自己的口袋，什么该丢，什么该留，把更多的位置空出来，让自己轻松起来。

大家一定有过年前大扫除的经历吧，当你一箱又一箱地打包时，一定会很惊讶自己在过去短短一年内，竟然累积了这么多的东西。

然后懊悔自己为何事前不花些时间整理，淘汰一些不再需要的东西，如果那么做了，今天就不会累得你连脊背都直不起来。

大扫除的懊恼经验，让很多人懂得一个道理：人一定要随时清扫、清除不必要的东西，日后才不会变成沉重的负担。

人生又何尝不是如此！在人生路上，每个人不都是在不断地累积东西？这些东西包括你的名誉、地位、财产、亲情、人际关系、健康等，当然也包括了烦恼、苦闷、挫折、沮丧、压力等。这些东西，有的早该丢弃而未丢弃，有的则是早该储存而未储存。

在人生道路上，我们几乎随时随地都得做自我"清扫"。念书、出国、就业、结婚、生子、换工作、退休……每一次转身，都迫使我们不得不"丢掉旧我，接纳新我"，把自己重新"扫"一遍。

不过，有时候某些因素也会阻碍我们放手进行扫除。譬如：太忙、太累，或者担心扫完之后，必须面对一个未知的开始，而你又不能确定哪些是你想要的。万一现在丢掉了，将来又捡不回来怎么办？

的确，心灵清扫原本就是一个扎与奋斗的过程，你可以告诉自己：每一次的扫，并不表示这就是最后一次，而且，没有人规定你必须一次全部扫干净。你可以每次扫一点，但你至少应该丢弃那些会拖累你的东西。

我们甚至可以为人生做一次归零，清除所有的东西，从零开始。有时候归零是那么难，因为每一个要被清除的数字都代表着某种意义；有时候归零又是那么容易，只要按一下键盘上的删除键就可以了。

年轻的时候，丽思比较贪心，那里，她经营一家传播公司，她

7. 你无法改变过去，所以最好忽略它们

什么都追求最好的，拼了命想抓住每一个机会。有一段时间，她手上同时拥有13个广播节目，每天忙得昏天暗地，她形容自己："简直累得要散架了！"

事情都是双方面的，所谓有一利必有一弊，事业愈做愈大，压力也愈来愈大。到了后来，丽思发觉拥有更多、更大不是乐趣，反而是一种沉重的负担，她的内心始终有一种强烈的不安全感笼罩着。

1995年"灾难"发生了，她独资经营的传播公司被恶性倒账4.5万美元，交往了7年的男友和她分手……一连串的打击直袭而来，就在极度沮丧的时候，她甚至考虑结束自己的生命。

在面临崩溃之际，她向一位朋友求助："如果我把公司关掉，我不知道我还能做什么？"朋友沉吟片刻后回答："你什么都能做，别忘了，当初我们都是从'零'开始的！"

这句话让她恍然大悟，也让她重新有了勇气："是啊！我本来就是一无所有，既然如此，又有什么好怕的呢？"就这样念头一转，没有想到在短短半个月之内，她连续接到两笔大的业务，濒临倒闭的公司起死回生，又重新走上了正常轨道。

历经这些挫折后，丽思体悟到人生"变化无常"的一面：费尽了力气去强求，虽然勉强得到，但最后还是留不住；反而是一旦"归零"了，随之而来的是更大的能量。

她学会了"舍"。为了简化生活，她谢绝应酬，搬离了高档的房子。索性以公司为家，挤在一个10平米不到的空间里，淘汰不必要的家当，只留下一张床、一张小茶几，还有两只作伴的狗儿。

其实，一个人需要的东西非常有限，许多附加的东西只是徒增无谓的负担而已。简单一点，人生反而更踏实。

想要清扫，并不是像想象中那么容易。清扫是一种过程，它需要一定的时间来沉淀。只不过，如果连"想要清扫"的意愿都没有，那么，你只能长期为忧郁、痛苦所折磨。

你要知道，太阳每天都是新的

"After all, tomorrow is another day"，相信每一个读过美国作家玛格丽特·米切尔的《飘》的人，都会记得主人公思嘉丽在小说中多次说过的话。在面临生活困境与各种难题的时候，她都会用这句话来安慰和开脱自己，"无论如何，明天又是新的一天"，并从中获取巨大的力量。

和小说中思嘉丽颠沛流离的命运一样，我们一生中也会遇到各种各样的困难和挫折。面对这些一时难以解决的问题，逃避和消沉是解决不了问题的，唯有以阳光的心态去迎接，才有可能最终解决。阳光的人每天都拥有一个全新的太阳，积极向上，并能从生活中不断汲取前进的动力。

克瓦罗先生不幸离世了，克瓦罗太太觉得非常颓丧，而且生活瞬间陷入了困境。她写信给以前的老板布莱恩特先生，希望他能让自己回去做以前的工作，她以前靠推销世界百科全书过活。两年前她丈夫生病的时候，她把汽车卖了。于是她勉强凑足钱，分期付款

7. 你无法改变过去，所以最好忽略它们

才买了一部旧车，又开始出去卖书。

她原想，再回去做事或许可以帮她解脱她的困境，可是要一个人驾车，一个人吃饭，几乎令她无法忍受。有些区域简直就做不出什么成绩来，虽然分期付款买车的数目不大，却很难付清。

第二年的春天，她在密苏里州的维沙里市，她看到那儿的学校都很穷，路很坏，很难找到客户。她一个人又孤独又沮丧，有一次甚至想要自杀。她觉得成功是不可能的，活着也没有什么希望。每天早上她都很怕起床面对生活。她什么都怕，怕付不起分期付款的车钱，怕付不出房租，怕没有足够的东西吃，怕她的健康情形变坏而没有钱看医生。让她没有自杀的唯一理由是，她担心她的姐姐会因此而觉得很难过，而且她姐姐也没有足够的钱来支付自己的丧葬费用。

然而有一天，她读到一篇文章，使她从消沉中振作起来，使她有勇气继续活下去。她永远感激那篇文章里那一句令人振奋的话："对一个聪明人来说，太阳每天都是新的。"她用打字机把这句话打下来，贴在她的车子前面的挡风玻璃上，这样，在她开车的时候，每一分钟都能看见这句话。她发现每次只活一天并不困难，她学会忘记过去，每天早上都对自己说："今天又是一个新的生命。"之后，她成功地克服了对孤寂的恐惧和她对需要的恐惧。她现在很快活，也还算成功，并对生命抱着热忱和爱。她现在知道，不论在生活上碰到什么事情，都不要害怕；她现在知道，不必怕未来；她现在知道，每次只要活一天就快乐一天，因为"对一个聪明人来说，太阳每天都是新的"。

在日常生活中可能会碰到极令人兴奋的事情，也同样会碰到令

人消极的、悲观的事情，这本来应属正常。如果我们的思维总是围着那些不如意的事情转动的话，也就相当于往下看，那么终究会摔下去的。因此，我们应尽量做到脑海想的、眼睛看的，以及口中说的都应该是光明的、乐观的、积极的，相信每天的太阳都是新的，明天又是新的一天，发扬往前看的精神才能使我们的事业获得成功。

无论是快乐抑或是痛苦，过去的终归要过去，强行将自己困在回忆之中，只会让你备感痛苦！无论明天会怎样，未来终会到来，若想明天活得更好，你就必须以积极的心态去迎接它！你要知道——太阳每天都是新的！

8.
一个人所能得到的尊重，取决于她的自重

　　谁自重，谁就会得到尊重，一个不自重的人，也很难得到别人的尊重。无论是自己对自己价值的肯定，还是他人对我们价值的肯定，即自重与被人尊重，都是快乐的。

不自爱的女人很难得到幸福

张小娴曾说:"如果你真的没办法不去爱一个不爱你的人,那是因为你还不懂得爱自己。"

用这句话开头,就是让你知道,在爱别人之前要先学会爱自己,学会尊重自己,欣赏自己。一个女人如果连自己都不尊重,怎么能奢望她去尊重别人呢?从这个意义上说,女人自爱就是对别人最高的尊重。

《世说新语》里有这样一则小故事,桓公少时与殷侯齐名,有一天,桓公问殷侯:"你哪一点比得上我?"殷侯思考了一下,很委婉地回答道:"我与我周旋久,宁做我。"

是的,何必羡慕别人?我有自己的性格与生命经历,不论遭遇是好是坏,一切喜怒哀乐都是我在承受与体验。我的生命是独一无二的,怎么可以拿来与别人交换!

不要羡慕别人的美貌,不要希冀有别人的头脑,不要模仿别人的身材,爱自己的出发点,就是勇敢地接纳并不完美的自己。眼睛小吗?没关系,眼小能聚光;身材矮吗?没关系,浓缩的都是精华……无论是哪里多一寸,或是少一寸,你都是上天的杰作,你没有理由轻视自己,你也是夜空中一颗耀眼的星星。

真正的生命强者是在与命运的激烈碰撞中,绽放出光芒并实现自我人生价值的人。在这多彩多姿的世界上,要好好地生活。活给

8. 一个人所能得到的尊重，取决于她的自重

自己看，也活给爱自己的人看，更要活给那些瞧不起自己的人看。尽管免不了会经历这样或那样的挫折，可那也是上苍给予你的礼物，让你在成长中学会坚强。

女人总是想小鸟依人地生活在一个男人的身边，但是却变成了菟丝花紧紧地依附在男人这棵"树"上，一旦失去了"树"，就再也不能独立生长。

女人学会爱自己，要从今天开始，要从这一刻开始。人，不应该总是牵挂未来而焦虑企盼，也不应该对往事反悔惋惜而不能自拔，要知道，只有现在这一分、这一秒才是最重要的、最能确定的。未来总是会带来希望和失望，过去常常提醒自己的失误，要知道，未来和过去都和我们想象的不同，只有现在才是我们可以把握的。

不要滥用你的美色

《时尚芭莎》杂志曾受英国一个调查组委托，对英国 500 名女性高级白领进行问卷调查，调查得到了这样一个令人惊讶的结果：多数英国在职女性愿通过在办公室调情的方式获得升迁。调查显示，她们中大多数人都希望通过女性魅力获得自己想要的一切。她们不会在工作中与其他女同事精诚合作，反而将她们视为最大的敌手。在此其中，有二成的白领女性更愿意自己的老板是男性而不是女性，又有八成以上的女性愿意按自己所希望的方式与男同事或男上司调

情，以此获得升职加薪的机会。

　　这不禁让人有些唏嘘。的确，娇艳的容貌确实可以作为我们人生博弈的资本，然而我们一直强调凡事都要有个度，女人，还是庄重矜持一点好，不要滥用你的美色，否则稍为不慎就会铸成大错！尤其是在 21 世纪的今天，随着"性观念"的开放，许多人都陷入了灯红酒绿、纸醉金迷之中，对于女人而言，"守身如玉"这四个字忽然间似乎变得那么难写、那么艰涩。尤其是在职场上，由于性别原因，女性往往很容易引起别人的误解，所以，为了我们的丈夫、子女及亲朋好友，当然更是为了你自己，大家在行走职场时，请一定注意"自重"这个词。

　　何为自重？就是要我们保持人格上的独立，珍视自己的名誉，不贪慕虚荣。在言行举止的表现上，女性尤其应该端庄稳重、落落大方，不要举止轻佻，给人以可乘之机，或是引起上司的误会或是反感。

　　要知道，女性一旦失去了做人的原则，放弃了尊严，那她就成了权力的奴隶，这等于是将自己的人格自动降下了几个档次，以无价的尊严来换取那点可怜的物质享受，而且即便是享受，还要看人脸色，求人恩赐。到最后，更是输掉了一切。

　　曾有一个女职员，看到同事们穿着高档服饰，下班以后出入各种高档会所，心生艳羡；眼见同事步步高升，而刚入职的自己仅能在那个不起眼的职位上赚一点可怜的生活费，顿感无比失落。于是她决定走捷径，达到目的。

　　她开始有意地接近上司，大献殷勤，暗送秋波，无良的上司看破她的心思，暗示她：只要答应和他在一起，就会提拔她。两个人就这样勾搭成奸。但若要人不知，除非己莫为，时间一久，二人的不正当关系便被揭破，上司的发妻当着众同事的面对女孩大加羞辱，

8. 一个人所能得到的尊重，取决于她的自重

上司也因此而被免职。这个女孩更是名誉扫地、无地自容，在巨大的心理压力下，竟然精神失常了。

这是多么可悲的事情啊！作为一名知识女性，其实她完全可以通过自身的努力完成自己的职业目的，但她被虚荣心所控制，丢失了自尊、没有了自爱，竟然企图以身体来换取生活的安逸，结果自取其辱，这是应该让我们引以为戒的。作为职业女性，我们在与上司相处的过程中，应该具备独立、正确的心态，一定要做到自尊自爱，我们应该做到以下几方面。

1. 自食其力，凭本事吃饭

自食其力、独立自主，这永远是做人的正道。像寄生虫一样依附于人，你便没了做人的资格，而且一旦失去这个靠山，也便无法生存。女人必须明白，靠山山会倒，靠人人会跑，只有靠自己才最可靠的。

2. 坚守原则，别为虚荣所惑

女人要有自己的原则，要比男人更懂得洁身自好，不要因为贪慕虚荣而成为权力的奴隶，女人时刻要谨守自尊，它会使你冷静、平静，淡看繁华一时的物质景象。

3. 珍惜名誉

对于女性来说，名誉尤为重要，不管你愿意与否，社会对于女性名誉的要求就是要较男人高很多。事实上，很多女性的悲剧，就是因为一失足而造成的千古恨，名誉扫地，覆水难收。

假如能够做到以上几点，我们就不至于动辄乱了感情的阵脚。不要以不自重的表现来获取他人对自己的认可和接受，那样只能是以尴尬和失意收场，这对于我们自己，对于关心你、爱护你的人，无疑是一个巨大的伤害。

不要因为爱而迷失了自己

尹丽艳年轻漂亮，工作也不错，有稳定的收入，有自己的朋友圈子，过得很快乐。后来她爱上了男孩张伟，两人很相爱，享受着爱情的甜蜜，过了一年后，两人决定结婚。接下来就是领结婚证，忙着装修房子，通知亲戚朋友等。尹丽艳为了有更多的时间筹备婚礼，毅然把工作辞了，全身心地投入到爱情和婚姻当中。兴奋而热烈地期待着幸福的到来，这一切表明结果应该是令人期待的。就在举办婚礼的前一天早上，意外发生了，张伟突然对尹丽艳说："我仔细地考虑过，我们还是别结婚了。"可想而知：尹丽艳有多么后悔。

我们不说张伟怎么样，我们应该发现在这个事件过程中，尹丽艳丢失了自我，她把自己的所有的一切都献给了自己的爱人，却也没能留住爱人的心。

要知道，这个世界上不是所有的付出都有回报。谁也无法保证我们的爱人会像我们爱他那样来爱我们。很多事情有很多不确定因素，不是所有的事情我们都能够掌控。所以，爱别人之前，首先我们得爱自己，因为，所有我们追求和渴望的：事业、财富、亲情、爱情、婚姻、家庭等都是围绕在我们自己周围的，就是说，我们就是这一切的核心，如果我们消失了，那么这所有的一切将不复存在。

豆蔻年华的莎莎，在对爱情充满了浪漫幻想的时候，爱情不期

8. 一个人所能得到的尊重，取决于她的自重

而至。技校毕业后，她来到一家公司做打字员，与本公司的一个部门经理互生爱慕之情。他比她大 8 岁，他时常像个大哥哥一样照顾她，无论是在生活上还是工作上。随着时光的流逝，他那一腔的柔情蜜意使单纯的她很快便迷失了自己，觉得再也离不开他了，于是他们同居了。

最初的日子可以说是甜蜜的，莎莎将自己的一切毫无保留地奉献给了他，她的爱，她的时间，她的青春……每天除了上班，她的时间都用在做家务上，收拾他们的小巢，为他洗衣服，做好美味等他品尝。这样的日子过了两个月，他渐渐变了，待她察觉到他的变化时，他们之间全没了最初的和谐和挚爱。他不再像从前那样疼爱她、照顾她，反而在家里成了"甩手大爷"，心安理得地享受着莎莎的细心侍候，甚至连换液化气罐、修抽水马桶这样的事都由莎莎包揽了。承包全部的家务活还不算是最痛苦的，最让她伤心的是他的自私和冷漠。很多时候，下了班他不是马上回家，而是和许多朋友吆喝着去喝酒、玩牌、跳舞，全然不顾莎莎在家做好了饭，眼巴巴地正盼他回家。每次都是深夜才归，回来就倒头大睡，对还没吃、没睡的莎莎连句道歉的话都没有，可如果莎莎偶尔有个应酬，回家晚了，他便摔杯子打碗。慢慢地，莎莎的心凉到了极点，他们之间几乎没有了沟通，莎莎的生活开始失去了阳光，整个人变得忧郁、消沉起来。

莎莎曾几次收拾好了行李想离开这个无爱的窝，离开这个冷漠的人，可是拎起包又没有了走的勇气。当初为了和他在一起，她已经和家里闹翻了，父母已经不再认她这个女儿了，她觉得自己没有脸面再回到父母身边了。可是留在这里呢？她和他在一起像夫妻又不是夫妻，像恋人却没有恋人间的亲密，像朋友却没有朋友间的真

诚。莎莎对自己的未来感到越来越迷惘了，本该朝气蓬勃的她脸上却布满了怨愤和无奈，使她看上去好像已历尽了人世的沧桑。

莎莎的悲剧就在于她在爱情中迷失了自己，她每天生活的主要内容就是围着所爱的人转，完全丧失了自我。她爱得不够成熟、不够理智，她不是在爱中丰富自己、充实自己。一个人如果不能在爱中保持完整的自我，充分体现自我存在的价值，那么这样的爱情就无法持久，就没有生命力，当爱情遇到挫折时，也无法坚强地面对打击。

生活中有很多这样的女孩子，她们在爱对方的同时失去了自我，将对方看作自己生活的全部，将得到对方的爱看成是自己生活的唯一支柱。可悲的是，你的爱对他来说，反而是一种压力，他会因此从你身边逃开，因此，无论你有多爱对方，都务必要坚守一个独立、完整、崭新的自我，这样你才能够品尝到爱情的甜蜜。

如果你在爱情中迷失了自我，那将是很冒险的一件事。如果你发现了这个迹象，就得引起你的注意了。爱情中不能没有自我，我们可以全心全意地爱别人，但是首先我们得学会关爱自我，这样才会有幸福的生活。

异性交往，在开放与矜持之间把握尺度

随着社会的进步，个性发展的需要，男人女人之间交往日益频繁。然而问题也随之出现了——一些自制力差的朋友由此陷入"婚

8. 一个人所能得到的尊重，取决于她的自重

外恋"的圈子之中，无法自拔，痛苦不堪。这的确是个令人困扰的问题，因为异性间的交往确实要比同性间的交往复杂得多，即使是很正常的关系，也时常会引起一些是非之人的误解和非议。难道说，男女之间就不应该交往吗？当然不，这不现实，也太过偏激。其实，只要我们自己心里踏实、坦然，那么就能够产生出纯洁的友谊，而且一定会经得起时间和事实的考验。

事实上，男女交往并没有我们想象中的那么可怕。在与男性的交往中，我们只要能够消除了性别间的不自然感，就会像与同性交往一样，敞开心扉，坦诚相待。也不会有任何的矫揉造作。在这个交往的过程中，我们于男人而言，是最佳的聆听者，女性特有的理解和体贴，能够化解他们的苦楚；而对于我们女性而言，男性同样是最出色的听众，我们同样可以从他们那里获得理解和同情。其实只要我们彼此能够摒除杂念，坦诚相待，往往都会结成非常要好的朋友。

但是，男女毕竟有别，交往必须有界，接触必须有规，情感必须有度。我们与男性交往时切记要掌握分寸，要在开放与矜持之间把握一个合理的尺度，要让理智的堤坝阻挡住感情的汹涌波澜。让男女结交的步履沿着纯洁、友谊的轨道发展。

然而遗憾的是，很多人在交往中过了界，错把友情当爱情，结果破坏了彼此的友好关系。

张小姐和胡先生各自都有恋人，他们在同一个公司上班，住得又很近，所以上下班常常在一起走，在公司里两人又总是互相照顾，因此很快成为了好朋友，他们彼此的恋人对此也很理解，四个人还常在一起聚会什么的。有时候，张小姐觉得胡先生甚至比男朋友对自己更体贴。有一天，张小姐生病了，留在家里休息，偏巧男朋友又出差未归，她只好一个人躺在床上胡思乱想，连午饭都没吃。五

点多钟时，胡先生忽然来了，原来他知道张小姐病了，特意来探望她。胡先生给她削了个苹果，又赶快给她做饭，张小姐很感动，眼泪就不知不觉地流了出来，胡先生顿时生出一阵怜爱之情，轻轻地抱了抱她。不知为什么，张小姐竟然没有拒绝。事后两人都非常后悔，他们觉得对不起自己的恋人，而且他们也明白了，自己对对方只有友情没有爱情。后来这件事被胡先生的女朋友知道了，她找到张小姐，大闹了一场，结果张小姐的男友也和她分手了。

人的感情世界十分丰富，有亲情、爱情、友情、乡情……其中最复杂的就是异性间的友情，这种感情迷迷蒙蒙，若即若离，很容易让人产生感知上的错误。张小姐和胡先生就是因为彼此互相照顾，而错将友情看成了爱情，可以想象，当胡先生为病中的张小姐削苹果的那一刻，两个人对彼此必定是充满了爱怜之情的，这种爱怜之情，其实是友情的一种升华，并非真正的爱情，如果异性朋友能够分清友情与爱情，那么他们就不会给自己惹来不必要的麻烦了。

然而，爱情和友情最容易让人混为一谈，因为它们都含有爱的成分，它们都包含着信任、理解、真诚的丰富内涵。但爱情和友谊也有很多不同，比如说，它们虽然都源于彼此的好感和敬慕，但友谊多是对友人的志趣、爱好、人品的敬重，而爱情更多的是对异性的音容笑貌的倾慕，如果有一天，你突然间发现自己对某个异性朋友的长相、服饰、神色甚至动作，以及他所交往的人产生了极大的兴趣，这时你就该冷静地想一想，你对他的情感到底是友情还是爱情。

另外，还有一点可以很好地帮你鉴别友情与爱情。友情不具有排他性，你既可以是甲的朋友，也可以是乙的朋友。而爱情则不同，它是情爱与性爱的结合，具有相互间渴望成为终身伴侣的强烈情感，

8. 一个人所能得到的尊重，取决于她的自重

爱情具有排他性。因此，真诚的友情是向一切知己奉献，纯洁的爱情只能向一人奉献。换句话说就是，如果看到你对他和其他异性的亲密往来毫不介意，没有酸溜溜的感觉，那你对对方就是单纯的友情，反之，可能就是爱情。

与异性交往可以消除对异性的神秘感，有助于你找到真正的爱情。不过提醒姐妹们一句，千万不要以为某个朋友对自己比别人亲切些，彼此合得来些，就误认为他爱上了自己，从友情到爱情还有相当长的距离，误把友情当爱情既害人又害己。所以，我们在与异性交往中应尽量抛开男女之别，收敛你的美丽与多情，这是让友谊永保鲜活的明智之举。

如何把握与异性交往的"度"呢？我们有以下建议供您参考。

1. 表现不要过于亲昵。过分亲昵不仅会显得太轻佻，引起对方的反感，还容易造成不必要的误会。

2. 来往保持克制。与异性朋友往来，应张弛有节，不宜没昼没夜地在一起"混"。过分频繁地往来，不但不会使友情升温，而且还会适得其反，或是使友情变质，或是使友情丧失。尤其是异性之间，如双方都是已婚的人，或其中一方已经结婚，在这方面更应该谨慎一些。

3. 摘下冷淡的面具。冷淡会伤害对方的自尊心，也会使人觉得你高傲无礼，孤芳自赏，让人体验不到来自友情的真诚。

其实，女人是需要别人去赞赏的。一个女人得到的赞赏越多，就会表现得越发自信、越发美丽、越发年轻。美丽，需要与人分享，孤芳自赏，只会让你"众叛亲离"，被寂寞紧紧包围。

4. 彼此互尊互重。虽然说"时代不同了，男女都一样"，但毕竟男女有别。与异性交往，应以尊重为前提，不能过于随便，如粗俗

的语言、过分的行为，或缺乏必要的礼节等，这些都是不应该的。要做到热情而不放纵，文雅而不拘谨，亲切而不鄙俗，真诚而不虚伪，亲疏得当，冷热适宜。

5. 不必过分拘谨。在和异性的交往中，在尊重和自爱的前提下，要该说就说，该笑就笑。拘谨其实还是缺乏沟通、缺乏信任的表现。朋友，即使是异性朋友，也应以心灵的沟通为目的。所以要真诚对待异性朋友，就不可过分拘谨，要心胸坦荡，让人愿意与你往来，并成为朋友。

6. 既不饶舌，也不木讷。似是卖弄自己见多识广般地滔滔不绝讲个不停，或在争辩中强词夺理不服输，都是不讨人喜欢的；当然，也不要太沉默，总缄口不语，或只是"嗯"、"啊"地随声附和，哪怕面带笑容也容易使人扫兴。

与异性朋友交往应当坦坦荡荡，不要让自己或对方的另一半发生不必要的误会，两个家庭不妨在周末时相约聚餐或爬山，这样既享受了异性交往的乐趣，又不会影响你的生活。

对自己不喜欢的事情，大声说"不"

女人，爱自己是最重要的。对你不情愿做的事情就要大声说"不"。比如酒席上，轮到你喝酒，而你不善饮，大可以茶代酒，而不要勉强自己饮醉。

8. 一个人所能得到的尊重，取决于她的自重

女人凡事都要有自己的思想和主见，在这一点上职业女性要做得更好一些。因为工作的关系，她们难免会碰到一些自己不情愿而又不得不去做的事情，譬如：陪客户喝酒、唱歌，甚至还要忍受那些不规矩的手，因为复杂的人际关系，很多女人选择了忍耐，然而如果你真的不喜欢这样，大可以用拒绝来维护女性的尊严。要知道，正派的客户谈生意是不需要你这样牺牲的，你出卖的是能力而不是色相。

肖婉刚来到这家公司不久，她分配到广告创意部工作。刚上班一个星期，老板就让她出去陪一个客户唱歌，并声明陪同的还有几个人，都是正常的生意关系。肖婉很不情愿，但还是去了，因为她不想失去这份高薪的工作。

三个50岁左右的男人在包房里叫了几个年轻漂亮的女孩一起唱歌、跳舞、喝酒，肖婉看着这些比自己大很多的男人，心里一阵反感，但又不得不赔笑应付。还好，那天客户只顾着高兴，没对她有什么过分的举动，否则她真不知道该如何应付才是。

企划案是通过了，可是肖婉怎么也高兴不起来，而且她发现同事看自己的眼光也不一样了，鄙视中夹杂着些许的嫉妒。而且有了第一次，就很难拒绝老板的第二次任务，肖婉实在是进退两难。

女人，不喜欢的事情就不要去做，毕竟委屈的是自己。

在平常生活中也是一样，同事约你逛街、吃饭，如果你很累，不想去，就一定要告诉她，不要以为平时关系很好怕她不理解。要知道，越是真正的朋友越应该关心你、体谅你。大声说"不"，在你不愿意的时候，千万不要做自己不喜欢的事情。记得：女人在什么时候都不要勉强自己。

当然，不仅局限在工作中，这对于恋爱期间的女人更有意义：

千万不要为了满足男友的要求而献出某些最宝贵的东西。要知道，真正爱你的男人是不会勉强你的，更不会以此作为他不爱你的理由。保持自己的尊严，那样他才会更珍惜你。爱情不仅仅是用性才能表达，语言和思想依然能表达你们的感情，而且还会让你们的感情更深。聪明的女人懂得如何拒绝，包括拒绝各种各样的诱惑。不懂得拒绝的女孩做事情很少有自己的底线和要求，当你的默认成为一种习惯，就很难再从理智中脱身。如何说出"不"，这是一门学问。

如果你不愿意，没有人可以强迫你。大声说"不"吧，为了自己。

别把逆来顺受错当成是贤惠

一个男人在他的老婆面前就是一座山、一根顶梁柱，他有责任有义务去保护、爱护他的女人，这是一个最基本的要求。如果连这一点都做不到，甚至动手伤害自己的女人，那他就不配做一个男人。无论出于什么原因，在女人身上施加暴力的男人是最没出息的。

所以，如果女人的生活中有这样的男人，千万不要保持沉默，对他抱有任何幻想，应尽早地脱离苦海。

但遗憾的是，在现实生活中，太多的女人出于种种原因，受了伤害却把眼泪悄悄地往肚子里咽。

据一项调查显示，面对家庭暴力，大多数人还是选择自我消化

8. 一个人所能得到的尊重，取决于她的自重

为主，谁愿意把家丑扬到外面去呢？

在某小区，中年女子素珍（化名）就是"家丑不可外扬"的典型。就其所住小区居委会主任称，素珍被丈夫打得伤痕累累。可面对媒体的关注她却采取了掩饰回避的态度，"家丑不可外扬，我没有被打，你们不许乱说！"

据居委会主任介绍，素珍长期受丈夫打骂，居委会多次出面调解都没有用。主任说："我们也是接到邻居举报才知道的。我当初去找素珍时，她不承认自己被丈夫打。后来有一天，我经过她们家楼下，隐隐约约听见女人的哭喊声，敲开门看见素珍趴在地上，其夫满嘴酒气，这样的事情不知道发生了多少次。"

真是让人难以理解，那些深陷苦海的女人怎么就不明白，保持沉默能解决什么问题？

当家庭暴力发生时，首先你可以拨打110报警。

公安机关在接到家庭暴力报警后，会迅速出警，及时制止、调解，防止矛盾激化，并做好第一现场笔录和调查取证；对有暴力倾向的家庭成员，会进行及时疏导，予以劝阻；对实施家庭暴力的人，根据情节予以批评教育或者交有关部门依法处理。如果伤情严重，受害方可以到公安机关指定的卫生部门进行伤情鉴定，受害方可以到法院起诉实施家庭暴力行为人。

由于不幸的家庭各有各的不幸，我们不能一概而论，开什么灵丹妙药，在此，仅支出以下几招，你可以选择适合自己的解决方式来应对家庭暴力。

1. 重视婚后第一次暴力事件，绝不示弱，让对方知道你不可以忍受暴力。

2. 说出自己的经历。诉说和心理支持很重要，你周围有许多人

与你有相同的遭遇，你们要互相支持，讨论对付暴力的好办法。

3. 如果你的配偶施暴是由于心理变态，应寻找心理医生和亲友帮助，设法强迫他接受治疗。

4. 在紧急情况下，请拨打"110"报警。

5. 向社区妇女维权预警机构报告。这个机构由预测、预报、预防三方面组成。各街道、居委会将通过法律援助站或法律援助点，帮助妇女提高预防能力，避免遭遇侵权。

6. 受到严重伤害和虐待时，要注意收集证据，如：医院的诊断证明；向熟人展示伤处，请他们作证；收集物证，如伤害工具等；以伤害或虐待提起诉讼。

7. 如果经过努力，对方仍不改暴力恶习，离婚不失为一种理智的选择。这也是目前摆脱家庭暴力的一种方法。

不管怎样，面对家庭暴力，女人千万不要做沉默的羔羊，你的妥协只会更加助长男人的兽性，使问题日趋严重。

在两性平等的爱情中间，谁也不应该惧怕或奴役对方。千万不要相信他的悔恨、道歉和眼泪，如果他真心爱你，保护你还来不及，为什么要如此摧残心爱的人呢？更何况这种施虐者的治愈率极低，而且不思改过。如果你不能当断则断，就会永远徘徊在被他毁灭和他的允诺之间，永无宁日了！

8. 一个人所能得到的尊重，取决于她的自重

把感情作为享受的投资，是可笑而可悲的

男大当婚，女大当嫁，婚姻是每个女人必走的一步路。很多女人，在婚姻伊始很爱做比较，将自己最需求的东西放在首位，或是感情，或是经济，但现实总是与我们的想象相差甚远，我们竟然忘记了，爱情承载不了那么多的要求，与其在现实中去创造理想，倒不如在理想中去创造现实更可靠。

李蓉结婚前在一家公关公司做策划。当初她到这家公司工作的目的很明确，因为她听朋友说这样的公司经常接一些大型的公关策划活动，接触来往的都是一些很具规模的企业老板。她就是要以自己有策划能力又年轻漂亮为资本找一个接近成功人士的平台。

天遂人愿，果然，借公司的平台，她在工作中迅速认识了一些身价很高的男人。李蓉的目标是和他们其中的一个结婚，不管对方婚否。已婚的可以离婚重结，否的当然是最好不过了。终于机会来了，在一次她策划的酒会上，她认识了一个能娶她的人——一家规模不小的公司总裁，30多岁，曾经有过一次短暂婚史，有钱有学问有自己经营的企业，住200平方米的房子。于是，一切都按李蓉的预想合理又合法地进行了。

在自己的朋友堆里，李蓉一直坦言自己与老公结婚时就是觉得他的条件适合自己，是她一直想要的那种，但真的没有爱上他的感

觉。李蓉说她从来都不做不切实际的爱情梦，她认为两个没钱的人在一起饿着肚子相爱是件可笑的事：她说她不能过苦日子，和谁都不能，感情可以慢慢培养，钱可不是说赚就能赚的，所以要把感情投资在值得的人身上。

后来李蓉的老公和她离婚了，原因也很简单——喜欢了另外一个女人。

分手时两个人闹得很凶，房子、钱及一切贵重物品都没有按李蓉想象的那样平均分配，这个精明的男人早已在暗中做了好多手脚，李蓉最终拿走的基本上也就是她自己的钱。

不知道天底下像李蓉这样的女人有多少，但肯定不止她一个。人活着就这么几十年，吃饭穿衣固然重要，但和相爱的人在一起无疑才是最惬意的事。

如果为吃饭穿衣而处心积虑，不惜抛开最惬意的事，那岂不是有点太势利了？丛林里的野兽尚在厮杀之余与伴侣卿卿我我，何况人呢？女人如果在婚姻面前失去诚意的话，男人怎么与之相守呢？

婚姻是什么？最基本的是诚意。如果女人只对物质上的东西有诚意，那么男人会毫无察觉吗？尤其那些一心设计着成功男士的女人们，你也不好好想想：那个男人那么成功，他可能是个连身边的女人的心思都看不懂的白痴吗？女人往往自作聪明地忽略她身边男人的智慧，所以只能是搬起石头砸自己的脚。

夫妻是什么？有人说"夫妻本是同林鸟，大难临头各自飞"，也有人说"夫妻是拴在一条线上的蚂蚱"。

男人把感情作为成功的投资的有，那样的男人是可怜的；女人把感情作为享受的投资的也有，那样的女人是可笑而可悲的。别把感情当成投资，婚姻里没有永远的胜者，也没有永远的败落，毕竟婚姻不

8. 一个人所能得到的尊重，取决于她的自重

是股市，抛一支股票容易，抛弃一段婚姻可没那么简单。每个人都有可能遇上不合适的爱情，每场婚姻都有可能遇上鞋不合脚的时候，让婚姻适时回归到原本的模样，让它做自己心灵的归属地，而不是承载太多现实的要求，只有减了负荷的婚姻才不容易失落，才更容易长久。

别用你的任性去挑战爱情的韧性

如果你问男人什么样的人最任性，得到的回答一定是——孩子和女人。女人的任性是天生的，尤其是在恋爱时表现得更加明显。但凡是女人，没有不喜欢在爱人面前任性耍赖、撒娇取宠的，事实上这的确是一种增进双方感情的有效方式，于是很多女人对此乐此不疲。

那么，任性到底好不好，女人为什么会任性？我们不妨先来探讨一下女人任性的心理真相。

美国著名心理学家威廉科克认为，任性是所有人都具有的一种心理需求。不过女性表现得更为直接、更为明显，因为女性较为重视关系，她们最害怕被抛弃。从这个层面上说，女人的轻吟薄怒、花拳绣腿、刁蛮任性等等，完全是源自于她们对爱、对关系的重视和渴求。换言之，女人任性耍泼，不过是希望引起对方的关注，渴望得到对方的呵护与宠爱，当然也是为了试探自己在对方心目中的

地位和分量。事实上，你细心一点就会发现，很少有女人会向没有感情作为铺垫的男人任性撒娇，除非这个女人另有目的或者水性杨花。

其实，女人任性心理的产生和形成也是有着一定过程的，一般而言，从小被当作掌上明珠、只受别人照顾、一贯只注重接受很少给予的女人，长大以后往往都是具有任性性格的。从夫妻互动的角度来看，女人的任性其实大多是男人"惯"出来的。这是一种很普遍的现象，就比如一个记忆力不好的妻子，多半会有一个记忆力极强的丈夫；一个不爱清洁卫生的男人，多半会有一个干净利落的妻子一样；一个任性刁蛮的女人，背后多半会有一个宠她、溺她、姑息迁就她的老公。

客观一点说，任性无所谓好与坏，作为女人，任性一点实属正常，一个能够将任性技巧运用自如的女人偶尔撇着嘴对老公说："不嘛，我就要这样！"这种带着点骄横但更多是娇憨可爱的态度，反而能够成为两性关系的调和剂，让我们的感情生活情趣盎然，让你的男人怦然心动。然而，凡事都要有个尺度，任性也是一样，你必须把它控制在男人能够接受的范围内，但切不可将任性作为对付男人的撒手锏。

据说，现在很多女性都在强调对男人要"吊"着他一点，但我们纵使是"吊"，也必须有个度。当然，大多数女孩蕙质兰心，懂得在张弛、擒纵之间始终让自己处于主动地位。但也有一些女孩，她们或许是过于自信，喜欢用任性来考验男人的真诚，最终越过了男人可以容忍的尺度。如此一来，男人是被"吊"起来了，而后距离产生了，可是最后美却没了。

8. 一个人所能得到的尊重，取决于她的自重

有这样一则故事：

男孩对女孩爱之甚深，非常在乎她的感受。所以每每吵架之时，男孩总是将过错揽到自己身上，即使有时候真的不怪他，因为他不想让女孩生气。就这样过了2年，男孩仍然深爱着女孩，像当初一样。

有一个周末，女孩出门办事，男孩本来打算去找女孩，但一听说她有事，便打消了这个念头。他在家里独自待了整整一天，他没有联系女孩，他觉得女孩一直在忙，自己不应该去打扰他。

谁知女孩在忙的时候，还想着男孩，可是一天没有收到男孩的问候，她很生气。晚上回家以后，女孩发了条信息给男孩，话说得很重，扬言要分手。

男孩心急如焚，他打女孩的手机，连续打了几次，都被挂断了，打家里电话也没人接。他猜想，可能是女孩将电话线拔了。男孩抓起衣服就出门了，他要去女孩家。

男孩来到女孩家门口，他一连敲了九次，但屋内始终没有回应，男孩绝望了，带着满心失落慢慢消失在黑夜之中。

从此他们天各一方，各自为着自己的事业奔波，后来，又都建立了彼此的家庭。女孩的家庭不是很幸福，丈夫酗酒，喝醉了就骂她，有时甚至拳脚相加，所以她很怀念年轻时的那段恋情——如果是他，绝不会这样。

多年以后，他们不期而遇。

他问她："那天晚上我来敲你的门，你为什么不开门？"

她说："我在等你。"

"等我？等我干什么？"

"我要等你敲第十次才开门……可你只敲了九次就停下来了。"

现在，她悔得肠子都青了，本已到手的幸福就被自己不依不饶的任性所葬送了。

其实，女孩完全可以在对方敲第九次的时候将门打开，或者在他离去时把他叫回来，这样她已经很有面子了。但她太任性，将男孩"吊"得太高，非要坚持等那第十次，所以她错过了本该属于自己的幸福，这段遗憾仅缘于女孩过于执着和任性。

诚然，任性似乎是女人的天性，也是女人的专利。但凡女人，有谁没有在恋人面前耍过小脾气呢？任性耍赖、无理取闹、流泪哭泣，这俨然已经成为女人对付男人的专属武器。女人爱在男人面前耍无赖，甚至故意挑衅与其发生争执，而心中却隐隐希望吵过之后他能心生歉意，对自己越来越好。女人热衷于用任性、折磨、不讲道理去挑战男人的底线，对于女人而言这或许是一种试探，她们一次又一次、不厌其烦地试探着，其目的或许只是想摸清自己在他心中到底有多重要。这是女人的天性，是不可避免的，那些聪明的女人大多懂得将自己的任性掌控在适当的尺度上，这样的任性不能说是缺点，有时它反而会让女人显得更加可爱。

然而，凡事不可过，过犹不及，适当地运用任性可以成为两人之间相处的调味剂，一旦过了度，便会伤及彼此的感情。当然，伤的不止是你爱的他，还有自己。姐妹们请记住，任性可以成为我们吊男人胃口的手段，但千万不要用任性去挑战爱情的韧性。

8. 一个人所能得到的尊重，取决于她的自重

如果你不尊重生命，你将得不到任何尊重

在我们的观念中，人既然来到了这个世界上，就应该完成一个完整的世界体验，就像一段旅程一样，既然上了这趟车，就应该一程一程地走下去。

生命作为一个过程，不同时期的生命资源有着不同的分布与特点。就像大自然的春夏秋冬一样，有着各自美丽的内涵：春的鲜花，夏的绿叶，秋的成熟，冬的深沉。万不可冬天里做春天的事，秋天里唱春天的歌，季节的错位将使生活变得紊乱、尴尬甚至悲哀。

青春，是女人发育的关键期，做人、求学、开拓、进取，为一生立业生存奠定根基。诚然，也是恋爱和生命繁衍的季节。切记，青春只是回眸时醉心的一瞬，经营青春要有紧迫感。

中年，生活的历练给了女人智慧与深沉，懂得生命的圆熟与底蕴，不再汲汲于虚荣与浮华，但求家庭事业稳定发展，踏实地做自己能做的事和喜欢做的事。他们有着清晰的生命经营理念：昨天是已用过的支票，明天是未发行的债券，今天才是现金。重要的是好好活着，活在当下比什么都实际。

老年是生命的顶峰，明了人生的全景和限度。生命中许多东西虽已消耗殆尽，唯有尊严和安详是老年人经营健康和自我关爱

的法宝。

至于生命的管理，很重要的是指以人为本的对健康的管理。尤其要指出的是，虽然只有一次人生，但不必过于看重人生的成败荣辱、福祸得失。若视成功和幸福为人生第一要义和至高目标，则把人生看成一种功利性的占有物。其实，人生中还有更重要的东西，这就是凌驾于一切成败祸福之上的豁达胸怀。境由心造，如能有淡泊名利、宁静致远的人生境界，就意味着做自己生命健康的主人。

人的一生不可能一帆风顺，每个人都会遇到这样或那样的不顺心，问题是我们应该如何去做，是一味逃避，还是勇敢地去面对。时间是修复心灵创伤的良药，例如离婚女人应多与人沟通，多交朋友，有了心理问题应当学会向朋友倾诉。一次婚姻的失败，并不能说明什么，应该向前看，也许你的幸福就在前面。

就女人自身而言，健康管理最重要的是心情的调适，即心理健康和精神健康，有好的心情就有好的生命质量。

9.
对待无情之人最好的办法，就是在精神上战胜他

爱情像一杯烈酒，不胜酒力的女人只要抿上一小口，就会完全失去理智。因此爱情中受伤害的往往是女人。其实爱情本身是美好的，男人本身也没有任何过错，我们的错也不是爱上了某个人，非要说错的话，那么一定是我们太把感情当回事。

女人，情感不是你生活的全部

一个女人走进婚姻生活后，就会把老公和家庭当成自己的全部。自从披上婚纱，老公就成了她生命中最重要的一部分。为了这个男人，父母可以远离，亲情可以淡薄！为了这个男人，不惜忍受十月怀胎之苦，不惜开始生个孩子傻三年的尴尬生活！女人傻就傻在太天真，总把爱情当饭吃，总把爱情当成命中之重！

"问世间情为何物，直教人生死相许"。在相当多女人的心目中，感情就是她们生命的主旋律，所以一旦遇到情变，女人的损失也就更为惨烈。

女人总是对甜言蜜语缺乏免疫力，女人不会在听男人讲完一通大道理之后轻易投入他们的怀抱，但她们有可能听完男人对她们的一番赞美或一阵抒情后，便热烈地投入男人的怀抱。也就是说，女人通常不会因为"理"字而吃亏，却容易因为"情"字而上当。

有这样一个女人，婚后觉得生活无激情，跟老公发生无数次的争吵后，就把目光瞥向了婚外的求爱者。入戏深了，她感到再也离不开婚外恋，哭着求老公离婚，为了快速达到离婚的目的，此女子家产和孩子都抛给了前夫。等到离婚证到手，口口声声爱自己的情

9. 对待无情之人最好的办法，就是在精神上战胜他

夫却把她一脚踹开了。

女人跟前夫离婚了，却又遭到了情夫的狠命一击，心里装满委屈和憎恨："为了你，我抛弃了一切，没想到你却是个情感骗子！骗我离婚，骗我一无所有，再抛弃我。"女人声泪俱下地质问情夫！没想到情夫振振有词："一个狠心抛弃家庭和孩子的女人，我不敢娶，就算娶回家，我也怕有一天会被你再抛弃的！"

男人和女人的故事，足以看出来，一个口口声声爱你的男人，不会为了所谓的爱情而轻易舍弃他的东西，而女人一旦爱了，就会飞蛾扑火，为了所谓的爱情，一切都会置于不顾。

女人有时容易成为情感的奴隶。她们似乎太珍爱男人和娇惯男人了，她们无时无刻不在为男人着想，而男人呢，却很少为女人着想。有不少妻子抱怨说，她们常常下班后急急忙忙买菜做饭，然后一盘一盘端上桌来，希望全家围坐在一起吃顿温馨的家宴，却不一定能见到丈夫准时回家。等到很晚了，她们叹口气，刚刚收拾干净，男人却回来了，且无半点歉意，只说还没吃饭，妻子只好再去热饭热菜。女人的温柔就这么一点点消耗在这无尽的等待中。男人以为妻子所做的全是分内之事，却很少想过女人的生命也一样宝贵。女人的智力和能力都不比男人逊色，如果她们不把情感当作生活的支柱，把对情爱的执着、专注、热情和耐力都投入到事业中去，谁说她们不能拥有一个精彩的人生呢？

作为一个现代女人，应该知道情感并不是生活的全部，女人除了爱情，还应该拥有自己的事业。你不一定要做女强人，但至少不能做一株只会依附爱情之树生存的菟丝花！

离开不爱你的人，否则只会两败俱伤

生活中有进有退、有收有放，这是每个人必须面对的。固执地抓着一种东西永不放手，到最后反而一无所获。在爱情和婚姻面前，也不能太过固执。虽然，美好的爱情婚姻是每个人都想要的，但得不到就该放手。如果固执地为了保全面子或者得到对方，其结果只会两败俱伤。

军的父亲和梅的父亲是至交。他们在同一个县城里生活。军上小学时，父亲被病魔夺去了生命，母亲在梅家的无私帮助下拉扯他和两个妹妹读完了高中。军和梅从小青梅竹马，日久生情。在恢复高考后的第一年，梅把本属于她的考试名额让给了军，自己到工厂当了会计。就这样，军远离了家乡，怀着将用毕生的努力来回报女友的豪情，步入了一所大城市中的名牌大学。

军学习非常用功，他希望将来能把梅和母亲接到城里生活，也算是自己对家人的回报。那时的军在老师和同学的眼里是个朴实、进取的好青年。他在学校入了党，还是班干部。生活上由于得到梅对他的资助免去了大的压力，他一心扑在了学习上。在大学期间，有一位女同学追求了他两年，而他不为所动。毕业后，军终于如愿

9. 对待无情之人最好的办法，就是在精神上战胜他

以偿，被分配到这个城市的一家外事单位。不久，他把梅和母亲接来，一家人开始了新的生活。

此后的梅完全成了贤妻良母，全身心地支持着丈夫的事业，打点着里里外外的一切。她的艰辛终于换来了军事业上的青云直上。改革开放后，军成了所在单位一家下属公司的总经理。家里的经济状况逐渐好转，梅还像过去一样专注于丈夫和孩子。但是，军却发生了变化，穿着讲究名牌，待在家里的时间少了，除了将自己每月的工资如数上交，他对妻子和孩子的爱变得吝啬了。梅一直深信丈夫的变化是由于工作的原因，她仍然一如既往地爱着曾经患难与共的丈夫。直到有一天，军提出与她离婚，她才如梦初醒。揽镜顾盼，她才发现自己前所未有的憔悴，细密的皱纹像老唱片一样让人触目惊心，而大街上花枝招展的女孩，一个个脸面都像光碟似的灿烂夺目。她苦苦地哀求，但终于没有唤回军的爱情。最后，梅精神崩溃了。

其实，结束一段不幸的婚姻未必不是一件好事，说不定对方的背叛会让你更懂得如何得到幸福，美好的爱情也会不期而至，何必固执地认为自己为对方奉献了大半辈子就非得要厮守终生呢？爱情没有保证书。

喜欢一个人，并不一定要和他在一起，虽然有人常说"不在乎天长地久，只在乎曾经拥有"，但是并不是所有在一起的人都会快乐。

有时候，有些人，为了能和自己所喜欢的人在一起，他们不惜使用"一哭二闹三上吊"这种最原始的办法，想以此挽留爱人。这

也许会留住爱人的人，但却留不住他的心。更有甚者，为了这而赔上了自己那年轻而又灿烂的生命，这可能会唤起爱人的回应，但是这也带给了他更多的内疚与自责，还有不安，从此快乐就会和他挥手告别。

放弃对已逝恋情的固执，你就可以空出怀抱去迎接一份崭新的感情；放弃不幸福的婚姻，你就可以拥有更轻松快乐的生活，有什么理由在爱情面前太过固执呢？当感情变质时，放弃才是最好的选择。

放不开手的执着，
时间长了就成了痛苦的折磨

生活中要面对的选择很多，拿不起放不下的故事时常上演。比如，处在两个思维世界的男女朋友，感情冷淡、相互排斥、貌合神离的夫妻，为了种种的原因，就这样斩不断理还乱地勉强维持着关系，理由就是"这么多年的感情哪能说断就断"、"怎么说也要给孩子一个完整的家"，结果呢，一直生活在痛苦当中。不知当中的他和她，是否忘了，自己也可以拥有追求幸福的权利。又何必苦了自己，也苦了别人的一生呢？

9. 对待无情之人最好的办法，就是在精神上战胜他

说一个身边朋友的故事吧。

她，还很年轻的时候，就已经察觉到老公在外面有了别的女人，当时，她几乎都要崩溃了。令人未曾想到的是，她竟然把这件事强忍了下来，她的理由就是，"为了孩子"。为了孩子，她选择自己欺骗自己，就当这件事没有发生过，或者说就当自己没有发现过，继续维持着家庭的生活。但是，她毕竟是个有血有肉的人呀！长期生活在这样不幸的婚姻当中，压力、空虚和心理上的不平衡不断地冲击着她，当心理的承受能力达到极限时，她就会拿无辜的孩子来撒气，再到后来，甚至一想到这些事情，就乱骂、乱打孩子。无辜的孩子，常常就莫名其妙地遭了殃。而且，她还时常当着孩子面，用恶毒的语言讽刺、咒骂、攻击她的丈夫。长期生活在这样的家庭环境下，最后，孩子的精神世界也跟着崩溃了。现在，孩子已经长大成人，可是性格和行为都有很大的缺陷。

我们思考一下，在这段婚姻中，真正受到最大伤害的人是谁？是孩子！当然，她的遭遇也是不幸的，但她处理问题的方式，使这个不幸所波及的范围在不断扩大，如今，她自己、她的孩子，甚至是她的丈夫和丈夫的情人，都成了这件事情的"受害者"。造成了这个局面，其实她已经输了，就输在了不舍、不甘和自以为是上，不是吗？

现在，她上了年纪，孩子也已经长大了。但是，可怜的孩子也变"坏"了，他感觉不到爱，也学不会宽容和爱，他的世界观、价值观、道德观都偏离了正确的轨道，说话和做事的方式非常极端偏激。家里的亲朋好友也曾尝试和孩子去沟通，可怜的孩子，他给出

答案是："在这样一个没有温暖的家庭，谁管过我的感受？他们两个人三天一小吵，五天一大吵，谁真正用心关心过我？甚至还拿我当出气筒！他们之间出了问题，难道我就必须要受罪吗？他们生我出来，难道就是用来撒气的吗？亲生父母都这样，我对这个世界失望了。我只不过是为了自己而活着。"

看到孩子的状况，她终于清醒过来，认识到并能够真正去面对自己的错误了。可是，在她愿意放下自己心里面的固执，愿意去办离婚时，当初那个乖巧懂事的孩子却无论如何也回不来了，他不肯原谅自己的父母。她很想去补救，可是孩子根本不给他们机会，他对他们已经绝望了。可怜的她，在痛苦中生活了这么多年，已近黄昏，幡然醒悟，可是，又是否能够享受到儿孙承欢膝下的天伦之乐呢？

明知道是痛苦的生活模式，却固执地选择坚持，到最后，非但自己痛苦不堪，也间接连累家人痛苦异常，不是吗？这是她犯下的最大错误，毁了自己，也毁了自己爱的及不爱的人。

所以，当我们认识到，有些事情已经不能勉强、无法挽回的时候，不如问问自己：我干嘛不放手呢？很多时候，感情也好，婚姻也好，其他的事情也好，明明知道接下来的坚持，对自己、对别人都会造成一定的伤害，我们还要不要一门心思犟到底呢？是不是就算伤害人也在所不惜？请别忘了，你自己也会遍体鳞伤的！生活中的很多事情都是需要放手的，换个方式处理问题，也许真的就海阔天空了呢。

当然，很多事情的发生都有特定的背景，当事人的处境也各有

9. 对待无情之人最好的办法，就是在精神上战胜他

不同，所以处事也因人而异，这都要靠自己的智慧来体会、解决、化解。在这里，把一份祝福送给上面的那位朋友吧！至少她现在懂得了放下，明白了取舍，这不也是一件好事吗？虽然这顿悟来得晚了一点，代价也确实很大，但今后她一定能从"取舍"中找到让自己幸福的方法，因为跌倒过，智慧就长出来了，不是吗？同时，也希望所有人都能懂得"取舍"，该取的取来就是，该放的就不要勉强，那么，幸福就会一直跟着你走。

不要让失恋的痛苦成为堕落的借口

　　失恋的打击，也许会斩断你"剪不断，理还乱"的情丝，但绝不应该使你意志消沉，悲观失望。

　　假如分手真的使你伤心痛苦，但在抛弃你的人面前，应该表现出高度的自我克制能力。

　　正在恋爱的女性朋友，如果有一天，当你兴冲冲地去赴约会时，迎接你的不是恋人温情的目光和火热的爱语，而是心上人与你断交的决定，此时，你的心情是怎样呢？愤怒，痛苦，还是悲哀？你该如何对待这一突如其来的打击呢？

　　一般而言，在情绪受到破坏、身心受到折磨的情况下，某些失

恋女性会引起心理上和行为上的失调反应。爱与恨、甜与苦、希望与破灭会交替出现。失恋之后，女人的心理上往往会在一段时间内失去平衡。在这里，需要提醒女性朋友的是，失恋之后，首先是要冷静，一定要善于控制自己。

一时的冲动带来的只能是长久的痛苦和懊悔。你应压住心中的激情，冷静地询问分手的根本原因。态度要和缓，尽量做到心平气和，并避免当场答复，因为激动万分时很难有理智的思索和正确的结论。

互相理解，互相支持，才能称其为爱。假如一个不能理解你的人，或者一个顶不住外界各种压力的人放弃了对你的爱，你应该感到庆幸。因为你们之间不可靠的爱情，是不能成为牢固的婚姻基础的。爱是不能勉强的，即使在你的痴情或利诱下与你结合，也只能酿成不幸的婚姻。

失恋的痛苦常常会在一些女性心中造成深深的创伤，甚至终生都无法愈合。于是有的人消沉了，有的人颓废了，有的人疯狂了，有的人堕落了，但更多的人因此而坚强了。

古今中外，失恋不失志的例子还少吗？失恋后的歌德写出了不朽的著作《少年维特之烦恼》，就是一个人所尽知的例子。我们歌颂真挚专一的爱情，但我们不欣赏那种毫无希望的单相思，更反对盲目的爱情至上主义。"生命诚可贵，爱情价更高。若为自由故，二者皆可抛。"这里，自由的含义，应包括理想、工作、学习等各种不懈的追求。

终身独居的瑞典科学家爱弗莱·诺贝尔，并非不食人间烟火的

9. 对待无情之人最好的办法，就是在精神上战胜他

禁欲主义者。他一生的爱情生活是不幸的，但他的生命没有沉沦其中，他把对姑娘的爱附着到"专心攻读'自然'这本厚书"上了。他为人类贡献的300多项发明创造，不也正是他那崇高、执着的爱情之果吗！

或许你听到过这样的故事，某一妙龄少女失恋之后，丧失了理智，或沉迷堕落，或伤害之前的恋人；或进行人身攻击，非把对方搞到身败名裂才罢休；或动用武力威胁对方，大有不结婚便结怨之势。这种种行为，都不是真正的爱情。其结果，一害他人，二害自己，实不可取。

假如你失去的恋人是个见异思迁的薄情人，甚至是有意欺骗你的无情人，你也不必心存怨恨，更不可寻机报复。你不值得为这样的人付出高昂的代价。你高傲、轻蔑地看着他离去，不仅会得到心灵的安宁、人格的完整，也会因此而赢得人们的敬重。

对待无情人的最好办法，就是在精神上战胜他，并用你辉煌的事业来表明他在你心中的微不足道。

作为失恋女性，没有必要沉溺在痛苦中。你可以用发奋的工作和刻苦的学习来转移注意力，使失去平衡的心理和行为得到一定的抑制。读书，可以使你心境平和，精力转移；工作，会让你忘却痛苦，重获新生。这样，你最终会领略到人生的真谛，会燃起对生活的希望，在广袤的大自然中，你真正的爱情将得到升华！

微笑着放手，爱已失去就不要留恋

泰戈尔说："如果你因失去太阳而流泪，那你也将失去群星。"我们总是执着于、感伤于曾经失去的，以致忽略了身边的风景以及未来可能存在的惊喜，这不能不说是一种得不偿失。

也许没有女人不会为失去心中的他而感到痛苦，但是失去的已经永远失去了，不要把过多的精力投注在已经过去而没有意义的事情上，过多的留恋只会让你失去更多。让昨天的失去永远定格在昨天，是你活得快乐和幸福的一种优雅的心态。

为过去的事情痛苦，并不能把我们从阴影中解救出来，只能让我们沦为一名心灵被俘虏的囚犯。

她恋爱了，第一次尝到爱情的滋味。她对爱情非常投入，每当看到他对自己笑的时候，她就觉得自己得到了整个世界。仅仅过了半年，他就爱上了别的人，弃她而去。

她失去他的时候，觉得自己失去了整个世界。悲伤和痛苦笼罩着她，她觉得这个世界暗无天日，任朋友们怎么劝都无济于事。这对她是个巨大的打击，她想：自己也许从此以后就丧失了爱的能力了。

9. 对待无情之人最好的办法，就是在精神上战胜他

直到有一天，一位朋友对她说："你不过损失了一个不爱你的人，而他损失的却是一个爱他的人。说到底，他的损失比你大，伤心的应该是他才对啊。振作起来，走出他的阴影，会有更好的男孩等着你。"

女孩听后，觉得有道理，心情开始慢慢明朗起来。

恋人的离去，会深深伤害一个人的心灵，一些女人要么不敢再恋爱了，要么就匆匆地找个人嫁出去，将就着生活。

一直生活在阴影下，只会继续着自己的失败。阳光依旧明媚，是该将心中的阴影驱散的时候了。

"于千万人之中遇见你所遇见的人，于千万年之中，时间的无涯的荒野里，没有早一步，也没有晚一步，刚巧赶上了，那也没有别的话可说，唯有轻轻地问一声：'噢，你也在这里？'"

张爱玲曾这样写道：缘分是可遇不可求的。茫茫人海，浮华世界，多少人真正能寻觅到自己最完美的归属，有多少人在擦肩而过中错失了最好的机缘，又有多少人做出了正确的选择却站在了错误的时间和地点上。

一辈子那么长，一天没走到终点，你就一天不知道哪一个才是陪你走到最后的人。有时你遇到了一个人，以为就是他了，后来回头看，其实，他也不过是一段美好的记忆。但你们之间，已经有了一个无法磨灭的交集。

我们说，人与人的相识是一种缘分，那分离何尝不是一种缘分呢？有人说，一生中最幸运的两件事：一件，是时间终于将我对你的爱消耗殆尽；一件，是很久很久以前有一天，我遇见你。

听上去有一种莫名的心碎，如果说当初的遇见是缘，那结局的分开也一定是缘。也许不能一生守候，但曾经相遇就已足够。

放手，不仅为自己保留了最后的尊严与优雅，也成全了对方的幸福。明知坚持无益，还苦苦不放，既让自己痛苦，也给对方困扰，当爱已成往事，他已经不是曾经的他，你也已经不是曾经的你，所有的事与人，都只存在于那时那地，一切的一切随风而逝。这个时候唯有坦然地放手，留给双方最后美好的回忆。

放手，有时候不是因为爱的消逝，而是因为爱在心底。当这份爱不能为我们带来美满的结果时，不放手，只会拖累更多的人。这时，放手，就是智慧；放手，就是宽容；放手，就是大爱。

微笑着放手，既是成就自我，也是成全他人。在生命的际遇中，爱上不该爱的人，放手是为双方好；当我们的子女想摆脱我们独自成长的时候，放手，可以让他们赢得更精彩的人生。

微笑着放手，当他回想起往事时，会感激，会怀念，会记得，有一个女人，冰雪聪颖，蕙质兰心，在爱的时候给了他最大的美满快乐，在爱走了的时候成全了他最大的幸福。

聪明的女人，请相信，当你给予别人最安静美好的爱时，在未来，冥冥中一定会有一个人向你走来，给你更多更长久的爱。

谁的成长没有走过痛楚，谁的成熟没有经历波折，我们往往只看到别人的幸福，就觉得上天不公，对自己刻薄。其实，没有人能真正对你刻薄，只有你自己，你放不下，你不肯松手，你不放过对方，其实是不放过自己。那些最终幸福美满的女人，大多是洒脱的，拿得起放得下，不为难别人，也不为难自己，这种女人通常有着乖

9. 对待无情之人最好的办法，就是在精神上战胜他

乖巧巧的姿态，在大部分人还在拿自己的青春瞎折腾的时候，她们已经笑盈盈地坐在那里，过自己最中意的幸福生活。

不要再为昨天流泪了，放弃过往，不管过去辉煌还是失意都不要一味沉湎其中，别让往事挡住你的视线。有人说："明天不一定会更好，但更好的一定在明天。"总之，女人面对感情这一份没有答案的问卷，苦苦的追寻并不能让生活更圆满。也许一点遗憾、一丝伤感，会让这份答卷更隽永，也更久远。收拾起心情，继续走吧，错过花，您将收获雨；错过他，才会遇到了另一个他。继续走吧，你终将收获自己的美丽……

失恋后，就不要再去纠缠

男人有时候会给女性的心灵造成极大的痛苦。有的女性明知道对方已经下定决心要分手，却仍会依依不舍，她难以割舍这段感情。往往在失恋后纠缠着前男友不放。殊不知，最好的疗伤办法不是纠缠不放，而是快快走出来。

何梅与她的初恋男友黄明是在图书馆认识的，那是多么美好的一天啊！可是，相爱容易相处难，何梅发现黄明并不是她理想的白马王子，他们开始为一点小事就争吵不休，见面的时候，战争就开

始了，可每次又和好如初，其实，他们心里都知道，这种情况已经严重伤害了两人之间的感情，可是他们都不肯说出分手，因为初恋也有美好，美得脆弱而苍白。就这样，日子一天天过去，黄明很长时间没有来电话了，直到有一天，电话响起，黄明终于在电话里说出了分手。

何梅知道这段感情已经完了，她手足无措，心情陷入极度低迷中。但是何梅是个聪明的女孩，没过多久，理智最终战胜了情感。当她看了她的好朋友黄珍给她制定出的疗伤处方时，她终于破涕为笑。

处方第一帖：稳定局面

在刚分手的那段时间里，你的人生观、价值观、爱情观可能会发生巨大的变化，你首先必须有心理准备，在你看出有分手苗头时，就应该时刻告诉自己：他随时会向我提出分手，甚至会羞辱我，从而显示他的强大，尽管这些不能避免，但我一定会去看一场悲情电影，趁机大哭一场，先把所有的委屈在不经意中释放，以便当他真的说出坚决如铁的字眼时，心理上有所缓冲。

记住，你绝对不可以在半夜里哭哭啼啼给他打电话，并诅咒他，这样会让他更看不起你，而且你在事后也会为自己的行动而后悔。也别不停地问为什么要分手，他也许会给你一个谎言，你再去揭穿，这样的循环是没有意义的，也会让你心力交瘁。

提示：在享受恋爱的过程中，一定要未雨绸缪，对分手这种事情有了心理准备，当它真的发生了，你的心会好受一些。也不要对他纠缠不休，一个男人对你提出正式分手，无论你做什么挽救都是

9. 对待无情之人最好的办法，就是在精神上战胜他

于事无补的，还不如把过往的一切当成一段美好的回忆。

处方第二帖：转移注意力

为什么要待在家里怨天尤人呢？背负分手后的所有责任只会让自己更痛苦；如果你走出去，换个新的发型，开始一段新的人生，你还是依然鲜活。为了鼓励这次重生，去纵容一下自己，去做一次美容或SPA，或者买一件很漂亮的衣服。

想一想，他也不是那么完美无缺，要是"宠爱"自己不管用的话，不如进行疏导，写分手日记，将自己的郁闷记录下来，并自我鼓励，相信这次分手并没有什么大不了的。

提示：当你发现全新的自己时，会发现思想也成熟了，你再也不是十几岁的懵懂女孩了，这次分手也是一场蜕变，最终自己会从卑微胆小的毛毛虫变成无比美丽的蝴蝶。

处方第三帖：对自己好一点

想一想，有几个女孩在失恋后还会保持冷静？但有的女孩子使用的发泄方式非常极端。

生命是可贵的，根本没有必要以生命作为发泄的代价。

你可以采取一些不那么激烈的方法，例如你可以买几个便宜的玻璃杯，摔碎它们，让自己的愤怒有个发泄口。你也可以大吃大喝一顿，把保持身材和计算卡路里先丢到一边，这是有科学依据的，人在吃饱后，身体内会分泌一种能产生满足感的化学物质，从而让你感到不那么难过。当然，吃多了难免又会为身材发愁了，那最好的办法就去运动，用运动的方法来发泄自己的情绪是很好的办法，但要注意避免运动过度造成身体伤害。如果以上的办法都不能帮助

233

到你，你就的确需要把自己关起来，问自己几个问题，好好反思一下你们相处过程中的问题，以免下一次再重蹈覆辙。

提示：需要问自己的问题有，"我是不是太依赖于他，而失去了个性？"、"为什么我的朋友都说我太任性？"、"我以后要找的男朋友是不是一定要比他更优秀？"

处方第四帖：充实自己

如果失恋的阴影一直笼罩着你，你就需要充实自己来分散注意力，你可以化悲痛为动力，更努力地工作和学习。也可以培养一些兴趣和爱好，比如参加各种群体活动，比如野营，爬山，蹦极等等。

你也可以去旅行，找一个你一直很想去但没有机会去的地方。这个地方也许是你悲伤的终点，也许是你快乐的起点。美丽的风景能驱走你心中的郁闷，也能给你一个更浪漫的梦想。

提示：用分散精力的办法，让自己不会夜夜流泪到天明。

处方第五帖：心理倾诉

大多数情况下，女孩子都拥有自己的小秘密，但这段感情，你也可以和闺中密友倾诉，但一定要选择一个有同情心也能帮你保守秘密的朋友，这样你才能安全地获得安慰。切忌找那些唯恐天下不乱的损友。如果你找不到一个合适的人，那就去看看心理医生！心理医生的职业操守会帮你保密，也会给你更专业的建议。你倾诉的对象应该是一个能成熟分析问题的人，只会指责一方而不能一分为二看问题的人是不能帮你解决问题的。

缘分往往在我们不经意间不期而至，又会在我们拼命想抓住时

9. 对待无情之人最好的办法，就是在精神上战胜他

悄然随风而逝。只有怀着顺其自然的心态去看待感情，才会懂得有些事是留不住的，有些事是拒绝不了的。

在变了味的婚姻里保持理智与从容

有人说，婚姻犹如一双鞋，舒服不舒服只有脚知道；有人说，婚姻是围城，外面的人想进来，而里面的人想出去；还有人说，婚姻就像一堵白色的墙，只有离得很近的人才能看得见上面的斑点……

其实，婚姻什么都不是，婚姻就是婚姻，就这么简单！婚姻就像我们吃饭、喝水、睡觉一样，只是一种需要，一种合乎法律形式的存在！不要对婚姻要求太高！

事实上，就像一个人一样，人不可能十全十美，婚姻也不可能达到尽善尽美的境界。你爱一个人，并不一定会和他一起踏上红地毯，走进婚姻那神圣的殿堂，而和你缔结婚约的，也许并不是你的最爱，只不过是在适合的时间出现并且最适合你的生活的那么个人，关键是你们能够互相关心、相互依赖，而不是像两只刺猬，拥抱得越紧，彼此伤害得也越深。

彼此都拥有对方，彼此也都能清清楚楚地看见对方的缺陷，但

彼此都能习惯并接受。

然而，婚姻没有这么简单，尤其当婚姻已经变味的时候，如果不及早分开，那么伤痛只会越来越深。

黄女士和詹女士是一对好姐妹。不过，最近黄女士的婚姻出现了一些问题，于是，她把对老公的愤怒和无奈全倾倒给了詹女士。对着詹女士哭泣了一个晚上，用去了半包纸巾，方才收泪，悲悲戚戚地从朋友家里回去。

黄女士和老公属于一见钟情，第一次遇见不久以后便结婚了。婚后不久才发现原来黄女士所痛恨的缺点几乎都被老公占全了，比如好赌，赌得口袋里没了钱，就借钱赌；比如不归家，把家当成了旅馆……她百般方式使尽，老公仍德性如旧。作为好朋友的詹女士劝她趁早离婚，可黄女士认为孩子没爸爸怪可怜的，因此，她一忍再忍。

这次，黄女士的老公竟然发展到动手打人，第一次开打就把她的鼻骨打断了，若不是邻居们听见打闹的声音及时赶到，后果将无法想象。前几天，黄女士又向朋友詹女士哭诉，这一次，是铁定心要离婚了。

走过以风花雪月的浪漫爱情，进入以柴米油盐为基础的婚姻生活，饭碗中时常会冒出粒石子——恋爱中宽容，婚姻中不容的小性子，"嚓"的一下，大倒胃口，美好的东西一下变得索然无味。有时一些饭屑菜末嵌入牙缝，就像两人间闹误会别扭等，令人不舒服，必借牙签剔除，不及时排除，顺其自然，它会在牙缝里变质引起口臭，婚姻变味了。

9. 对待无情之人最好的办法，就是在精神上战胜他

同居一室，相处久了，会磕磕碰碰，偶然的磕碰一下不要紧，经常的磕碰，舌头会遭殃，在牙与牙的磕碰中受伤。牙齿自身也爱发个病，大致可分为两类：牙炎和牙齿动摇松动。牙炎是对对方有些爱又有些失望的病。这种病的病原有些来自自身。治疗这病的良方是：平时储备一盒牙膏，它的内存是彼此的关怀和共度的美好时光，一旦发炎，涂抹患处。牙齿动摇松动，应该去看牙医，牙医认为他（她）的存在已失去了原有的功能，并且副作用波及整个口腔，应接受牙医的建议：拔除。道理很简单，把一个心在他（她）人身上的人拴在身边，只有痛苦。

许多离过婚的女人在谈及她们的离婚经历时，都感到那简直是一场劫难。这其中经历了争吵、眼泪、伤害甚至仇恨。

不少离婚女性围绕着财产的分割、孩子的归属、抚养费等问题，为了各自的利益，互不相让。有的为了打击报复对方，甚至把孩子当成手中的一枚筹码，给孩子的心灵造成巨大的伤害。

有的离婚夫妻反目成仇，把离婚过程演变成一场激烈的战争。

在离婚大战中，昔日同床共枕的伴侣转眼间变成了不共戴天的仇敌，这到底是人性的一个弱点，还是婚姻的一种悲哀？且不去探究其中深层次的根源，单就这场"战争"的结果来看，也是得不偿失、后患无穷的。不仅使双方的精神饱受煎熬，更使孩子在父母的互相仇视和争斗中备受折磨、无所适从，甚至误入歧途，成为父母离异的牺牲品。

当夫妻的缘分到了尽头，离婚也不失为一种明智的选择。通过协商或法律手段争取自己的应得利益，安排好今后对子女的抚养问

题，这不仅可以让自己少一些痛苦的经历，更重要的是让双方不至于为敌，给子女在今后获得父母应尽的关爱留下空间。

要做到理智地离婚，下面几点建议或许对将要离婚的朋友有所启迪。

1. 调整心态

先建立"无过失"观念，不要去追究谁对谁错，也别再探讨哪一天、哪一种情况，或是哪一件事，离婚不一定是自己或对方的错，而可能是缘散了，缘分尽了。

2. 积极沟通

沟通方式，宜采用"书面报告"，避免见面。写信是最冷静的方法，较能心平气和，不容易吵架，更不可能发生激烈冲突。写这种信最好能附回邮信封，请对方也用文字表达心境。

3. 尽量避免请别人传话

如果是自己想分手，找亲朋好友也许只会帮倒忙，害人又害己。尤其忌讳找异性朋友跟对方讲。唯一可以找的，就是专业心理咨询工作者，好的辅导人员通常可以协助整理问题，寻找解决问题的空间。

4. 千万不要激怒对方

绝对不出恶言；绝不向对方说"你配不上我"；不批评对方的所作所为；不指责对方言行举止；不将对方的家人朋友牵扯进来……尽量回避，尽量采取低姿态。请牢记："多说无益！"

5. 不要怕"离婚"

你想想看，三四岁时，你为了上幼儿园，必须和最亲爱的爸爸

9. 对待无情之人最好的办法，就是在精神上战胜他

妈妈分离，而且是每一天都要忍受分离的痛苦。如今，你比三四岁时不知成熟多少倍，而对方的重要性也不能和父母相比。"你必须爱我"，这只是电影中赚人热泪的歌声；真实的人生，你不一定必须要爱我，我也不一定必须要爱你。更重要的是，我们即使不再相爱，也不必相恨！

如果结局注定要分手，又何必把过程搞得如此艰难。不如表现得洒脱一些、温情一些、理智一些。

就算失去爱情，也要留下风度

女人，不要在缘分散尽时苦苦纠缠、彼此折磨，将你曾经爱过的那个人随意指责，何必？既然留不住心，不如给回忆中多留下一点美好。失了爱人，我们也要留下风度。

或许，缘分这东西，日子久了也会生锈，使人遗忘了当初的信誓旦旦。缘分来的时候很自然，去的时候也很无情，当爱情不再灿烂，留给人的多是疲惫与憔悴。

往日的卿卿我我变成了今日的相对无言，多少人为此患得患失。然而尘缘如梦，几番起伏总不平，有些事似乎早已注定。天下无不散之筵席，当情缘已尽时，究竟孰对孰错谁又说得清、道得明？缘

分就是这样，亦如花要凋谢、叶要飘零，你纵有千般不舍，又如何阻挡？情到断时自然断，人到无情必然走，你又如何挽留？世间万物，一切随缘，缘来则聚，缘尽则散。人生在世，我们应懂得随缘而安，缘来不拒它，缘去不哀叹。在拥有的时候，就用心去珍惜，在失去的时候，也不要强求，因为情缘已尽注定难以挽留，强求亦不会得到满意的结果。既如此，为何不在最后时刻给自己留下尊严？一如杏林子所说："曾经相遇，曾经相拥，曾经在彼此生命中光照，即使无缘也无憾。将故事珍藏在记忆的深处，让伤痛慢慢地愈合。"就像故事中的女主角那样。

邵明明是一位医生，在北京一家很有名望的医院工作。丈夫张仪是一家工程公司的老总，每天忙得不可开交，马不停蹄地在各地跑来跑去。两人见面的时间很少，只是偶尔在周末才聚一聚。

一次，邵明明和张仪偶然间在医院的急诊室相遇。张仪向妻子解释说："我带一个女孩来看病，她是我单位的员工，由于工作劳累过度晕倒了。"邵明明看了那女孩一眼，女孩看上去比张仪小很多，脸上带着几分野性，她心里有一种说不出来的感受。

她偷偷地到丈夫工作的公司去打探。大家都说从来没有见过像她所描述的这样一个女孩。

邵明明听后，立即像失去重心一样。回来后，她给丈夫打了电话，说她已出差到了外地，要一个月以后才回来。

接着她便到丈夫的公司附近蹲守。

蹲守的结果证明，那女孩已经与张仪同居了很久。怎么办？是离婚还是抗争？邵明明陷入了极度痛苦的深渊。

9. 对待无情之人最好的办法，就是在精神上战胜他

那个晚上，她坐公共汽车回家。

车开得很慢，司机好像很懂邵明明的心情。车上只有三个乘客，另外两个乘客在给亲人打电话，脸上洋溢着幸福的表情。邵明明痛苦地闭上眼睛，回想起摊放在桌上半年多的《离婚协议书》。

突然有人叫她，是那位司机在跟她说话——"女士，你有心事？"

邵明明没有回答。

"我一猜您就是为了婚姻"，邵明明的脸色微微地有点冷峻，可司机却当没看见一样继续说："我也离过婚。"

邵明明眼睛微微一亮，便竖起耳朵细心倾听起来。

"我和妻子离婚了。"邵明明的心不由一紧。司机继续说："她上个月已经同那个男人结婚了，他比她大4岁，做翻译工作，结过婚，但没孩子。听说，他前妻是得病死的。他性格挺好的，什么事都顺着我前妻，不像我性子又急又犟，他们在一块儿挺合适的。"

邵明明觉得这个司机很不寻常。

"现在社会开放了，离婚不是什么丢人的事，你不要觉得在亲友当中抬不起头。我可以告诉你，我的妻子不是那种胡来的人，她和那个男人在大学里相爱四年，后来那个男人去了国外，两人才分手。那个男人在国外结了婚，后来妻子死了，他一个人在国外很孤独，就回来了。他们在同学聚会上见了面，这一见就分不开了。我开始也恨，恨得咬牙切齿。可看到他们战战兢兢、如履薄冰地爱着，我心软了，就放他们一条生路……"

邵明明的眼睛有些湿润了，她想起丈夫写给她的那封信："我

241

没有想到会在茫茫人海中与她邂逅。在你面前，我不想隐瞒，她是一个比我小很多的女人。我是在一万米的高空遇见她的，当时她刚刚失恋。我们谈了几句话之后，她就坦诚地告诉我她不是个好的女孩……后来我知道她和我生活在同一座城市，我不知为什么，从那一天起，心里就放不下她。后来我们频频约会，后来我决定爱她，照顾她一生。因为她，我甚至想放弃一切……"

车到家了，邵明明慢慢地走上楼。第二天她很平静地在《离婚协议》上签了字。

爱情可以容忍苦难，却不能容忍背叛。当一段感情逝去了，当你的爱人已然背叛，不知你可曾想过，接下来我们要怎样做？

在情感的世界中，我们可以失去爱情，但一定要留下风度。

事实上，在情感的世界中，并没有绝对的对与错，他爱你时是真的很爱你，他不爱你时是真的没有办法假装爱你。毕竟你们真的爱过，所以分手时为何不能选择很有风度地离开？所以，不要为背叛流眼泪，在感情的世界中眼泪从来都只属于弱者。他若是爱你，怎会舍得让你流泪？他若是不再爱你，即便是泪水流尽亦于事无补。

缘分这东西冥冥中自有注定，如果你们错过，那只能说明你们不是彼此一生的归宿，他或许只是你在寻找一生爱情上的一次尝试。如果你自认是生活上的强者，那么不如洒脱地离开，既然曾经深爱，就不要再彼此伤害。

当你所面临的是这种婚外萌发的真情时，这种真爱就如生长在荆棘丛中的一株野花，在临近深秋时绽开。虽然它开得不是地方，

9. 对待无情之人最好的办法，就是在精神上战胜他

不合时节，但毕竟已在凉凉的秋风中战栗地开放。你又何须一脚将其踏死？即使这样你也会付出惨重的代价。这时，不如退后一步，像一首歌中唱的那样，人生没有翻不过的山，没有趟不过的河，更没有过不去的坎……

这时你所该做的，是再次用真的自己去面对生活，珍惜生命中的每一秒、每一段缘。